小さい頃《ころ》からぼくは……

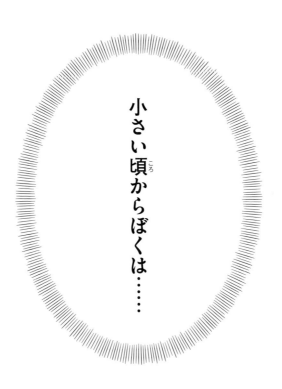

人付き合いが
うまいほうだと
思っていた。

でも夜、寝る前にふと
思い出したりする。

母とケンカしたり、
友達に
イラッとしたり、
周りと気まずく
なった時のことを。

あれ？
もしかして
ぼくって……

人付き合いがヘタなのかも……

もしも
カメと

話せたら

世の中をうまく生きるコツは、水の中に潜《ひそ》んでいる⁉

人類が誕生《たんじょう》したのは、今から約7000万年前のこと。
魚類から進化した両生類が陸に上がったのは約3億8000万年前。
さらにさかのぼり、地球に初めて生命が誕生したのは約38億年前。
その場所は深海だったと考えられています。

つまり、どんな生き物も、もとをたどれば水の中から生まれた生命なのです。

この本の舞台は竜宮城《りゅうぐうじょう》……ならぬ優遇城《ゆうぐうじょう》。

カメに拾われ城にやってきた次郎君《じろうくん》が、さまざまな水辺の生き物から「周りとうまく生きるコツ」を学んでいきます。

夏田次郎《なつだじろう》（21歳《さい》）

大学3年生。兄と姉がいる。

口《くち》グセは「なんか深い」。

目次

※本文は、小学6年生以降に習う漢字や、読みにくい漢字にルビを入れています。

「自立」とは、他者と
うまく生きること。

ニシキテッポウエビ

→ P.130

「夢」か「敵」を
共有しよう。

メダカ

→ P.114

攻《せ》められる時って、
成長する時。

ニホンザリガニ

→ P.162

「無償《むしょう》の愛」で
消耗《しょうもう》しないでね。

アイガモ

→ P.146

一人勝ちは
損するYO。

アメリカザリガニ

→ P.190

「無知」は時に、
相手を傷《きず》つける
ムチとなる～。

ニホンウナギ

→ P.176

世界は
「ひいき」でできている。

→ P.218

親と子は、
対等じゃないぜ。

タガメ

→ P.202

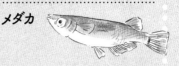

イラッとしたら、
ひゅぽってみよう。

ニホンイシガメ

カメ目イシガメ科

分布 日本（本州、四国、九州）

甲長※ オス約10cm　メス約20cm

※甲羅の長さ。

ようこそ優遇城《ゆうぐうじょう》へ。

え？　竜宮城《りゅうぐうじょう》じゃないの？

そんな夢みたいなとこ、あるわけないじゃないですか。ここは優遇城。お客さんをもてなして優遇するお城です。

優遇って……具体的には何をしてくれるの？

これから優遇城にいる生き物が、次郎君《じろうくん》に他者とうまく生きるためのヒントを教えてくれます。つまり、「快適な人間関係」が学べるってことです。

別に人間関係に悩《なや》みなんてないけどなぁ。

いやいや、沈《しず》んでたくせに。

えっ？

人間関係の波に飲まれて沈《しず》んでたくせに。放っておいたらそのままおぼれてましたよ。それを助けたのはだれですか？

君《きみ》が勝手にやっただけでしょ。

えっ？

ぼくは別に「助けて」とか頼《たの》んでないし。君が無理やりぼくをここに連れてきたんじゃないか。

はい、そういうとこ！

……な、なんだよ急に。

次郎《じろう》君《くん》のそういうとこ、まずは直していきましょ。

どういうとこだよ？

次郎君は今、ボクに言い返そうとしてますよね？

先に「沈んでた」ってバカにしたのはそっちじゃないか！　っていうかここ、優遇城《ゆうぐうじょう》なんでしょ？　全く優遇感ないんだけど！

あえてですよ。

あえて？

ボク、ニホンイシガメ※って言うんですけど。

えっ、急に自己紹介《じこしょうかい》？（ミドリガメじゃないのか）

人間って「カメ」って聞くと、「のろま」とか言ってバカにするじゃないですか。

実際遅《おそ》いよね？

いやいや、ボクは……

※ニホンイシガメは基本的に警戒心が強くておとなしい。また、目立たないよう、風景に溶け込みやすい色をしている。

わりと速いんですよ。※

……ホントだ。

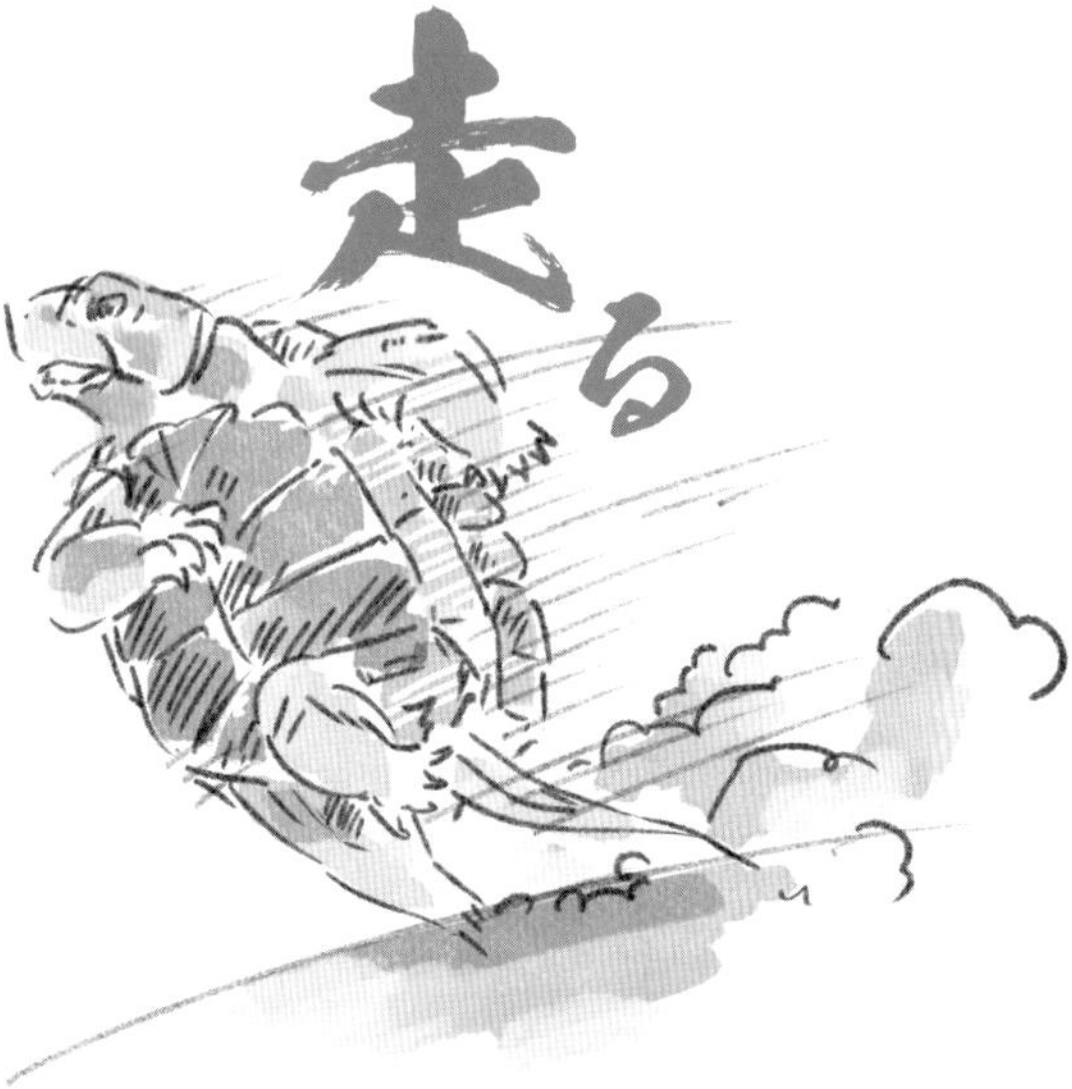

※特に子ガメ（幼体）は泳ぎも走りもすばやい。成体になると体が大きいため、敵が少なくなり、すばやくなくなるともいわれている。

でもね、バカにされても、言い返さないんです。

えぇー、どうして？　今みたいに見せつければいいのに。

そんなの意味がないからです。言い負かした先に何があります？　「勝った」という瞬間的《しゅんかんてき》な気持ち良さだけですよ。言い負かした相手にも恨《うら》まれちゃうし。

意地になって言い争いに勝つのは愚《ぐ》の骨頂《こっちょう》です。

それを教えたくて、ボクはあえて次郎君《じろうくん》を挑発《ちょうはつ》したんですよ。

……。

そこで今日は、キミにだけ特別「イラッとした時の対処法《たいしょほう》」を教えます。**ひゅぽるんです。**

ひゅぽる？

そう……

こうやって。

あぁ、隠《かく》れるってことね。※1 確かにカメといえばそのポーズだけど。

ひゅぽるためにこの頑丈《がんじょう》な甲羅《こうら》があるんです。ちなみに、おなかにも甲羅があるんですよ。※2

へぇ、甲羅って背《せ》中《なか》だけかと思ってた。でもさ、ひゅぽってばかりだとつらくない？ やり返したくならないの？

ボクたちの世界に、「仕返し」という概《がい》念《ねん》はありません。 やり返したらまたやられるし、そのほうがよっぽどつらいでしょ。無《む》駄《だ》に争って※3傷《きず》つくようなことはやめたほうがいいですよ。

※1　カメは敵に襲われると、頭やあしを甲羅の中に引っ込める。甲羅は背骨と肋骨でできていて、それをうろこでできた角質甲板が覆っている。

※2　背中の甲羅を背甲《はいこう》、おなかの甲羅を腹甲《ふっこう》という。ニホンイシガメの幼体は、背甲の後ろ部分（縁甲板《えんこうばん》）がギザギザしていて、敵に襲われにくくなっている。

相手のほうが悪くてもやり返さないの？　自分が正しくても黙《だま》っておくってこと？

そういうとこ！

えっ？　またダメ出し!?

無駄な正義。それもやめましょ。**人間って、正義を凶器《きょうき》にするじゃないですか。**例えば、道で肩《かた》がぶつかった大人同士が、「相手が悪い」「自分は正しい」ってケンカしたり。

まぁ、あるよね。

心に余裕《よゆう》のあるほうが凶器を捨《す》てないと、お互《たが》いボロボロになりますよ。硬《かた》い物同士がぶつかると、両方割《わ》れちゃうのと一緒《いっしょ》です。ほら、有名な言葉があるじゃないですか……

※3　ニホンイシガメは、別のカメに踏まれたりあしをぶつけられたりしても反撃しない。ひゅぽるか逃げるだけ。

「人に当たるな。日に当たれ」って。※1

聞いたこと……ないんだけど。

優《ゆう》遇《ぐう》城《じょう》の城主、
織《おり》姫《ひめ》様《さま》の名言です。

……乙《おと》姫《ひめ》じゃないんだ。※2

そんな物語の中のお姫様、
いるわけないじゃないですか。

いや織姫も物語の姫でしょ!!

……って、やっぱりこうやって
イラッとして言い返しちゃうんだよなぁ。

※1　ニホンイシガメは日中、日光浴をする。体温を上げる以外に、ビタミンDの合成や寄生虫の予防にも役立っている。

※2　乙姫は昔話『浦島太郎』で竜宮城にいるお姫様。優遇城には七夕の織姫がいるらしい。

ボクもイラッとすること、たくさんありますよ。さっきボクが自己《じこ》紹介《しょうかい》した時、次郎君《じろうくん》、心の中で「ミドリガメじゃないのか」※3って思ったでしょ？　あれも正直イラッときてたんです。

あっ、バレてたのね、ごめん。

でもね、小さい声で「ひゅぽ」って言ったら怒《いか》りがスッと消えました。次郎君もイラッとした時に言ってみるといいですよ。

えっ？　声に出して言うの？

なんか気が抜《ぬ》けて、反撃《はんげき》する気もなくなりますから。じゃあ試しに一緒《いっしょ》に言ってみますか。はい、まずは背筋《せすじ》を伸《の》ばして、ちょっと上《うわ》目遣《めづか》いになって、せーの……

※3　街の公園の池などにいるカメは、多くがミドリガメ（アカミミガメ）。ニホンイシガメは里山の田んぼや池などに生息している。ちなみに、ミドリガメはニホンイシガメと違い、敵に対して威嚇《いかく》する。

ひゅぽっ

（……なんだこれ）

ね、どうでもよくなって、反撃《はんげき》する気もなくなるでしょ？

まぁ気は抜《ぬ》けるよね。何か解決したわけじゃないけれど。

いやいやそんなこと言うならもっと良い方法教えてくださいよ！ ある？ ないでしょ!?

めちゃめちゃ反撃してくるじゃん！

ニホンイシガメの教え

どんなに自分が正しくても、感情的になって言い返したり、やり返したりするのは、火に油を注ぐようなもの。相手を責めるのは、自分の身を危険《きけん》にさらすのと同じなのです。**「正義は時に火に油」**と覚えておきましょう。

一番大切なのは、争いに勝つことではなく、できるだけ争わないこと。穏《おだ》やかな毎日を送るのに必要なのは、**「勝つ強さ」ではなく「譲《ゆず》る強さ」**です。ということで、**イラッとした時は、ひゅぽりましょう。**争うのが一瞬《いっしゅん》でバカらしくなりますから。ひゅぽっ。

ひゅぽる

やーいやーい
ノロマなカメやーい!!
へへへ
ひゅぽ…
やーいやーいッ!
くやしかったらでてこいよー!!
ひゅぽ…
お!!
…
ちぇっ
つまんない
ひゅぽって
勝利

さっきはゴメン
あそぼうよ
いいよ

もしカメ コラム 1

カメの意外な事実

カメはヘビ、トカゲ、ワニなどと同じ爬虫類《はちゅうるい》です。約2億2000万年前に地球上に現れ、世界には約300種のカメが水中や陸上に生息しています。

ちなみに、恐竜《きょうりゅう》が現れたのは約2億3000万年前です。

カメの口はくちばし

カメは、爬虫類の中で唯一《ゆいいつ》くちばしがあります。上下のあごが角質状（皮膚《ひふ》が硬《かた》くなったもの）のくちばしになっていて、歯はありません。ワニガメなどのくちばしは薄《うす》くて鋭《するど》く、あごの力も強いため、かまれると大けがをしてしまいます。

カメはゆっくり脱皮《だっぴ》する

ヘビやトカゲは、一度に古い皮を脱《ぬ》ぐように脱皮しますが、カメの脱皮はそうはいきません。少しずつ部分的にはがれて脱皮します。皮膚やうろこだけでなく、甲羅《こうら》も少しずつはがれていきます。

甲羅に隠《かく》れられないウミガメ

ウミガメの仲間は、首を縮《ちぢ》めることはできますが、甲羅

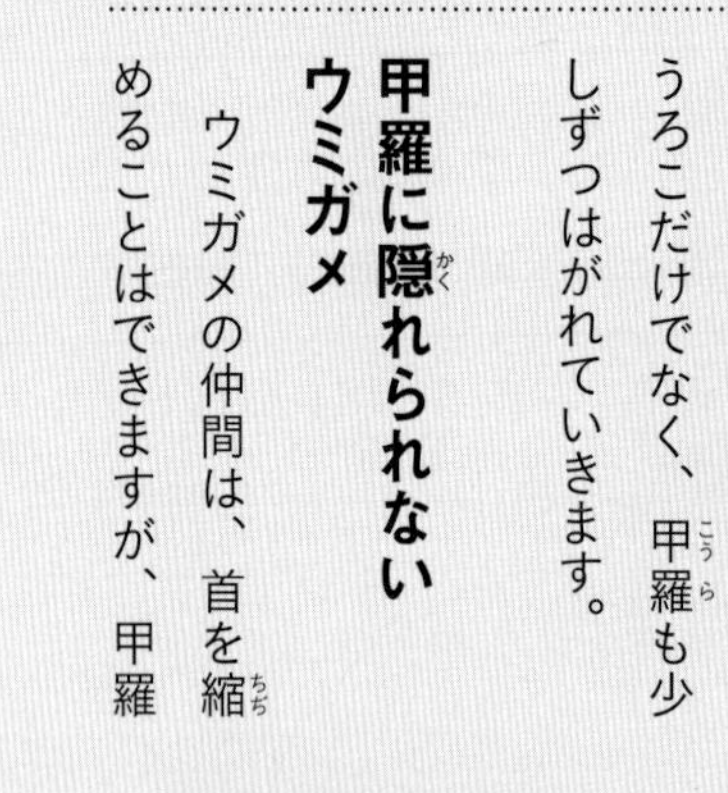

ウミガメ

の中に頭やあしを入れられません。水の抵抗《ていこう》を減らすよう、薄い甲羅に進化したからです。あしはヒレのような形に進化しているので、他のカメより速く泳ぐことができます。

甲羅が柔《やわ》らかいスッポン

一般的《いっぱんてき》なカメの甲羅は、背骨《せぼね》と肋骨《ろっこつ》でできていて、それをうろこでできた角質甲板《かくしつこうばん》が覆《おお》っています。

しかし、スッポンの仲間には角質甲板がなく、背甲《はいこう》（背中《せなか》の甲羅）を覆うのは柔らかい皮膚。そのため、スッポンは英語で「Soft-shelled turtle（柔らかい甲羅のカメ）」といいます。また、あしはウミガメと同じくヒレのような形をしています。

「ミドリガメ」という名のカメはいない

「ミドリガメ」と呼《よ》ばれるカメは、正しくは「アカミミガメ（ミシシッピアカミミガメ）」。北アメリカ原産で、ペット用として日本に輸入されましたが、自然環境《しぜんかんきょう》でも大繁殖《だいはんしょく》して問題となっています。

クサガメの由来は「臭《くさ》いカメ」

クサガメは、危《き》険《けん》を感じるとあしの付け根から臭いにおいを出します。

クサガメ

「敵《てき》に勝つ」より、

「敵と勝つ」。

ニホンアマガエル

無尾目《むびもく》アマガエル科

分布 日本（北海道、本州、四国、九州）、朝鮮半島《ちょうせんはんとう》、中国など

体長 オス約3cm　メス約4cm

グワッグワッ。

あっ、カエルの声。

あっ、カエルの声。

？

ごめんごめん、ついクセで輪唱《りんしょう》しちゃった。

（輪唱ってそういうことだっけ？）

ボクはニホンアマガエルっていうんだ。

普通《ふつう》のアマガエルと違《ちが》うの？

同じだよ。※ちなみに鳴くのは基本、オスだけさ。

メスにアピールするために鳴くんでしょ？

そうそう。あとは……

※単に「アマガエル」といえば、一般的にニホンアマガエルを指す。ちなみに「イシガメ」といえば、一般的にニホンイシガメを指す。

なわばりアピールだね。

へぇー、カエルにもなわばりがあるんだ。

そりゃもちろんあるさ。

大変だなぁ。

大変だろう？　でもね、争ってるばかりじゃないんだよ。メスにアピールする時は、オス同士で協力するんだ。

えっ？　どういうこと？

えっ？　じゃあ試しにキミもやっちゃう？　やってみちゃう？　キミさ、グワッて何度か鳴いてみてよ。

グワッ

グワッ

グワッ

グワッ

（なんだこれ……）

こうやってね、他のカエルとタイミングを少しずらして鳴くんだよ。

あっ、なるほど！　声が重ならないようにしてるってことね。だからカエルって輪唱《りんしょう》してるんだ。

その通り！　で、休む時はね……

一《いっ》斉《せい》に休むの。

そうなの!?

そうなの。鳴く時はさっきみたいに少しずつずらしながら一斉に鳴いて、休む時も一斉に休むの。鳴く時間帯と休む時間帯をわけながら、夕方から夜中まで定期的に鳴いているんだ。

省エネしながら長く鳴くってことか。

そういうこと。**敵《てき》に勝つより、敵と勝つ。**これがボクたちの決まりごとさ。そのほうがみんな幸せでしょ？

なんか深い……。

ボクにとって他のオスはライバル（敵）だけど、オス同士で争ってたらメスにアピールできないんだよね。だから途《と》中《ちゅう》までは敵味方関係なく協力するんだ。そうすれば無《む》駄《だ》に争わなくて済《す》むし、少しずつずらして長く鳴いてればメスに気づいてもらいやすいし。

合理的だね。

合理的だろ。ただ、たまにおっちょこちょいなヤツもいる。

どんな？

鳴き声を聞いて近づいてくるメスに、オスは抱《だ》きついて交《こう》尾《び》するんだよね。でも……

間《ま》違《ちが》えて近くのオスに抱《だ》きついちゃうヤツもいるんだ。

あはは、マヌケだね！

あはは、マヌケだろ？　まぁ、**ボクのこと**なんだけどね。

……なんかごめん。

※たまにずる賢いオスもいる。自分では鳴かず、鳴いているオスに近づいてきたメスを狙って抱きつくのだ。

ニホンアマガエルの教え

ライバル（敵《てき》）って、置かれてる環《かん》境《きょう》が自分と似てるんだよね。だって、同じゴールを目指して競う相手がライバルなんだし。だから、ライバルと協力できたらすごく効率的にゴールに近づけると思うよ。

周りを見てごらん。**賢《かしこ》く生きてるヤツって、相手と足を引っ張り合うんじゃなくて、うまく相手と手を取り合ってるから。**

不公平

おたがい彼女をつくるためにも、ここは手をくまないか？
オッケー
クワクワ
クワクワ
クワクワ
クワクワ
ん！
あなた…
ステキななき声ね。
……
あ…いや…そんな…ハハハ
…

くぅぅ〜〜
ボクだって
あきらめないぞ!

もしカメ コラム 2

カエルの意外な事実

両生類とは水中と陸上、両方で生活する生き物のこと。大きく無足目《むそくもく》（あしがない）、有尾《ゆうび》目《もく》（尾《お》がある）、無尾目《むびもく》（尾がない）の3つにわけられ、カエルは無尾目の仲間です。世界には約7000種のカエルが生息しています。

エラ呼吸《こきゅう》から肺呼吸《はいこきゅう》へ

オタマジャクシの時は、水中でエラを使って呼吸をします。後ろあしが出て、さらに前あしが出てくるとエラがふさがれ、肺で呼吸をするようになります。

粘膜《ねんまく》に毒がある

ニホンアマガエルなどの身近なカエルも、皮《ひ》膚《ふ》の表面が弱い毒で覆《おお》われています。その毒で雑菌《ざっきん》などから身を守っているようです。手で触《さわ》るぶんには問題ないものの、その手で自分の目などを触らないように気をつけましょう。

皮膚からとても強い毒を分泌《ぶんぴつ》するのが、コロンビアに生息するヤドクガエルの仲間・モウドクフキヤガエル。先住民族が毒矢を作るのに使っていたことが名前の由来で、1匹《ぴき》で人間10人を殺してしまうほどの毒があります。

ちなみに、ヤドクガエルは現地に生息するアリなどを食べて、体内に毒をためています。

食べる時に目玉を使う

カエルは食べる時、目を閉《と》じます。頭の上に出ている目玉を内側に押《お》し下げることで、口に入れた獲物《えもの》をのどの奥《おく》へと押し込《こ》むからです。

おなかで水分補給《すいぶんほきゅう》

カエルは皮膚全体で水を吸収《きゅうしゅう》し、体内の水分量を調節しています。特に腹《はら》の皮膚は薄《うす》く、水を吸収しやすくなっています。

ニホンアマガエルは雨を予知する？

「アマガエル」という名前の由来は、雨が降《ふ》る直前に鳴くことから。気圧の変化を感じ取っていると考えられていますが、詳《くわ》しくは分かっていません。

ニホンアマガエルは色が変わる

「アマガエル」と聞くと、緑をイメージする人が多いかもしれません。しかし、木にくっついていたり枯葉《かれは》の近くにいると、黒っぽい色になります。3種類の色素細胞《しきそさいぼう》によって、体の色を変化させているのです。

愛《あい》嬌《きょう》、最強。

ウーパールーパー

有尾目《ゆうびもく》トラフサンショウウオ科

分布 原産地はメキシコのソチミルコ湖とその周辺の運河（各国へ移入）

体長 20〜28cm

ウパウパ。

うわぁ、なんかすごいのがきた〜。

初めまして。オラ、ウーパールーパーです。

へぇ、初めて見た。なんか顔にピロピロしたのがついてるんだね。※

これはエラです。ここで呼吸《こきゅう》をしています。

かなり個性的な見た目だなぁ！　あと名前も面白いよね、ウーパールーパーって。

いや、それ実は、名前じゃないんです。

えっ？

オラはね……

※ピロピロは外鰓《がいさい》と呼ばれる。両生類の幼生に見られる特徴的な突起物。ウーパールーパーはこの外鰓が成体になっても残っている。

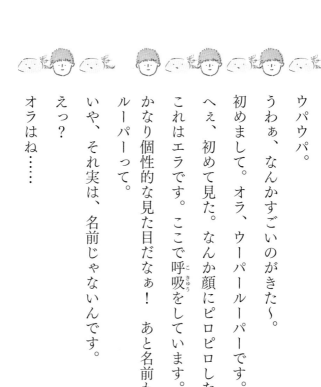

メキシコサンショウウオっていいます。※2

えっ、じゃあウーパールーパーってなんなの？

まぁ、あだ名みたいな感じですね。※3

しかもメキシコ出身なの!?

うん、そうだよ。

……まぁ、言われてみれば日本にはいなそうな見た目だもんね。

※1　「オラ（hola）」はスペイン語（メキシコの公用語）で「こんにちは」の意味。「ぼく」と「こんにちは」の2つを意味するユーモアとしてウーパールーパーは連呼しているが、もちろん次郎君は気づいていない。

※2　もしくはメキシコサラマンダーという。

オラ、小さい頃《ころ》からずっとこの見た目なんです。子供《こども》の姿《すがた》のまま、大人になるの。カエルでたとえると、オタマジャクシのまま大人になる感じかな。

あっ、君《きみ》、大人なの？

そうです。童顔でかわいいでしょ？

自分で言うのが若干《じゃっかん》イラッとするけど……

ウパ？

まぁ……憎《にく》めないかな。

ちなみに、オラみたいにかわいいまま大人になる生き物を……

※3　1985年、「日清焼そばU.F.O.」のCMで「ウーパールーパー」という愛称で映像に使用され、一躍有名となった。

アホロートル[※1]っていいます。

アホ……アホトロル？

アホロートルだよ。

「アホ」しか入ってこないや。

キミ、意外と物覚え悪いんだね。

君《きみ》も意外と口悪いねぇ。

ウパ？

……（ひゅぽ）。

オラはね、アホロートル特有のかわいさのおかげで、人気のペットになれたんだ。このピロピロもかわいいでしょ？

う、うん……なんていうか、愛嬌《あいきょう》があるよね、愛嬌が。

※1　正確には、子供（幼生）の特徴を持ったまま変態せずに大人の姿（成体）になる生き物を「アホロートル」という。

それそれ！　オラはね、**愛嬌って最強**だと思うんだ。

どういうこと？

人間にも、ミスしても許される人っているでしょ？　そういう人ってたいてい、愛嬌があるんだよね。

あっ、友達にいる！　そいつ、よく遅《ち》刻《こく》するから最初はイラッとするんだけど、いつの間にか許しちゃうんだよね。「仕方ないなぁ」って感じになって。

でしょ。愛嬌にはネガティブな感情を打ち消す力があるんだ。しかもオラは「ウーパールーパー」なんてかわいいあだ名まであるし。半《はん》濁《だく》音《おん》※2が2つもついちゃってるし。

半濁音は関係ないでしょ。

いや、半濁音はかわいさの印だよ、例えば……

※2　「ぱぴぷぺぽ」など「°」がつく音のこと。

パプリカ

ぽっちゃり
こんぺいとう
あんぽんたん

ピッコロ、パントマイム
プロポリス、ゆたんぽ
ポイント、ちゃんぽん
ピロリ菌《きん》

トランポリン

チューリップ

アップルパイ
ピンポン
ペペロンチーノ
アプリ、プリクラ
ピーナッツ
ピアニカ、ピアノ

ピーチ

ポケット
ホイップクリーム

ウーパールーパー

ペリカン、プリンセス
ポップコーン、パパ

きりたんぽ、プリント
プルーン、トランプ、ランプ
スポンジ、カップ、コップ、ヘアピン

ピクニック

マチュピチュ

フルーツポンチ

ポトフ、ポパイ
パイプ、パーティー
パンツ、ピンチ

プリン

たんぽぽ

ピアス、スッポン、すっぽんぽん
ヒップホップ、ペスカトーレ
ぺしゃんこ、リコピン

うーん……ピロリ菌《きん》とかは全然かわいくないけどね。

でも、オラがもし「ウーバールーパー」だったら、最新鋭《さいしんえい》の運搬器《うんぱんき》具《ぐ》みたいでかわいくないでしょ？

まぁ、それは確かに……。

オラに愛嬌《あいきょう》があるのはあだ名だけじゃないよ。体の色のバリエーションもたくさんあるんだ。白、黒、赤、黄、金なんてのもいるし。色がたくさんあるのも愛らしいよね。※1

自分で言うのはどうかと思うけどね。

ウパ？

……（ひゅぽ）。

こんな愛嬌たっぷりのオラだけど、実は絶滅危惧種《ぜつめつきぐしゅ》なんだよね。※2

えっ!?

※1　野生のウーパールーパーは黒っぽくて地味。派手な色の個体は品種改良されたもの。

だから大切にしてほしいな。

……絶妙《ぜつみょう》なタイミングで守ってあげたくなることを言うね。

最後に大切なことを教えるよ。愛嬌には**「見た目のかわいさ」**と**「性格的なかわいげ」**があるんだ。でも、「見た目のかわいさ」だけに頼《たよ》っちゃダメだよ。歳《とし》をとってからも**好かれるのって、性格的なかわいげがある人**だから。

なんか深い。

ちなみに、最初に会った時、オラ、敬語《けいご》だったでしょ？ でも少しずつタメ語にしていったんだ。オラはそうやって相手との距離《きょり》を自然に縮《ちぢ》めているんだよ。

もはや深いっていうか、不快になるほど戦略的。もしかして君《きみ》、愛嬌があるっていうより、あざといだけなんじゃないの？

※2　野生のウーパールーパーは、国際自然保護連合（IUCN）によって絶滅危惧IA類に指定されている。ただし、飼育環境のウーパールーパーは世界各地に広まっている。

ウパ？

やっぱりあざとい！

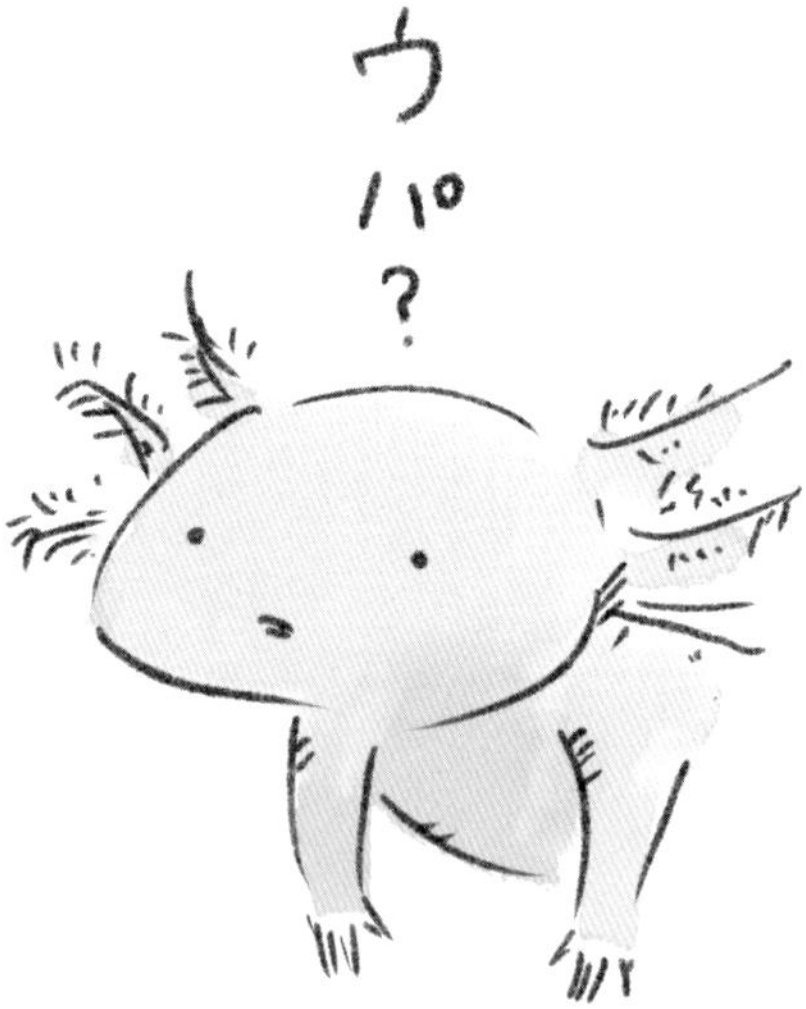

ウーパールーパーの教え

愛嬌《あいきょう》には「見た目のかわいさ」と「性格的なかわいげ」の２つがあるよ。

でも「見た目のかわいさ」って、「若々《わかわか》しさ」「初々《ういうい》しさ」によるものも大きいから気をつけてね。人間の場合、歳《とし》を重ねるうちにそういうのって失われちゃうから。

結局、**老若男女《ろうにゃくなんにょ》だれでも持ち続けられる愛嬌って、「性格的なかわいげ」だよ。** ウパ！

愛《あい》嬌《きょう》って最強

ウパ
ウパ
ウパ

もしカメ コラム 3

ウーパールーパーって何?

ウーパールーパー（メキシコサンショウウオ）は、両生類の有尾目《ゆうびもく》のトラフサンショウウオ科に分類されます。多くの有尾目は毒を持っていますが、ウーパールーパーは無毒です。

見た目がずっと変わらない

両生類と聞くと、カエルのように幼生《ようせい》（オタマジャクシ）と成体（カエル）で姿《すがた》が変わるのを想像するかもしれません。しかし、ウーパールーパーは幼生の姿のまま大人になります。このように、幼生の姿で変態せずに成熟《せいじゅく》することをネオテニー（幼形成熟《ようけいせいじゅく》）といいます。また、幼形成熟するものをアホロートルといいます。

一生水中生活

カエルは幼生（オタマジャクシ）の頃《ころ》は水中でエラで呼吸《こきゅう》し、成体（カエル）になると陸に上がって肺《はい》や皮膚《ひふ》で呼吸します。一方、ウーパールーパーは首についているエラ（外鰓《がいさい》）で呼吸しながら一生を水中で過ごします。ただし、成体には肺があり、水面に口を出して肺で呼吸をすることもあります。

実は絶滅危惧種《ぜつめつきぐしゅ》

野生のウーパールーパーは、メキシコのソチミルコ湖の周辺にのみ生息しています。しかし、湖の開発によって水が汚染《おせん》され数が減少。さらに外来魚や乱獲《らんかく》の影響《えいきょう》もあり、現在は国際自然保護連合（IUCN）によって絶滅危惧IA類に指定されています。

再生医療《さいせいいりょう》などで注目

有尾目は再生能力が高く、100年以上前から実験動物として研究が行われています。傷《きず》ついたエラや尾《お》が再生するだけでなく、心臓《しんぞう》などの内臓《ないぞう》まで再生するから驚《おどろ》きです。

サンショウウオ？　イモリ？

サンショウウオもイモリも、両生類の有尾目。ウーパールーパー（メキシコサンショウウオ）は、名前に「サンショウウオ」とついていますが、イモリに近い両生類です。

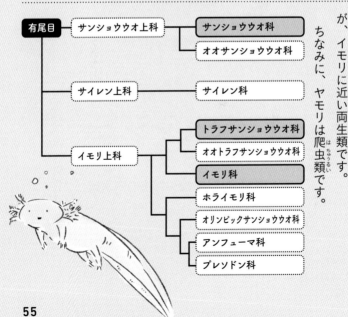

ちなみに、ヤモリは爬虫類《はちゅうるい》です。

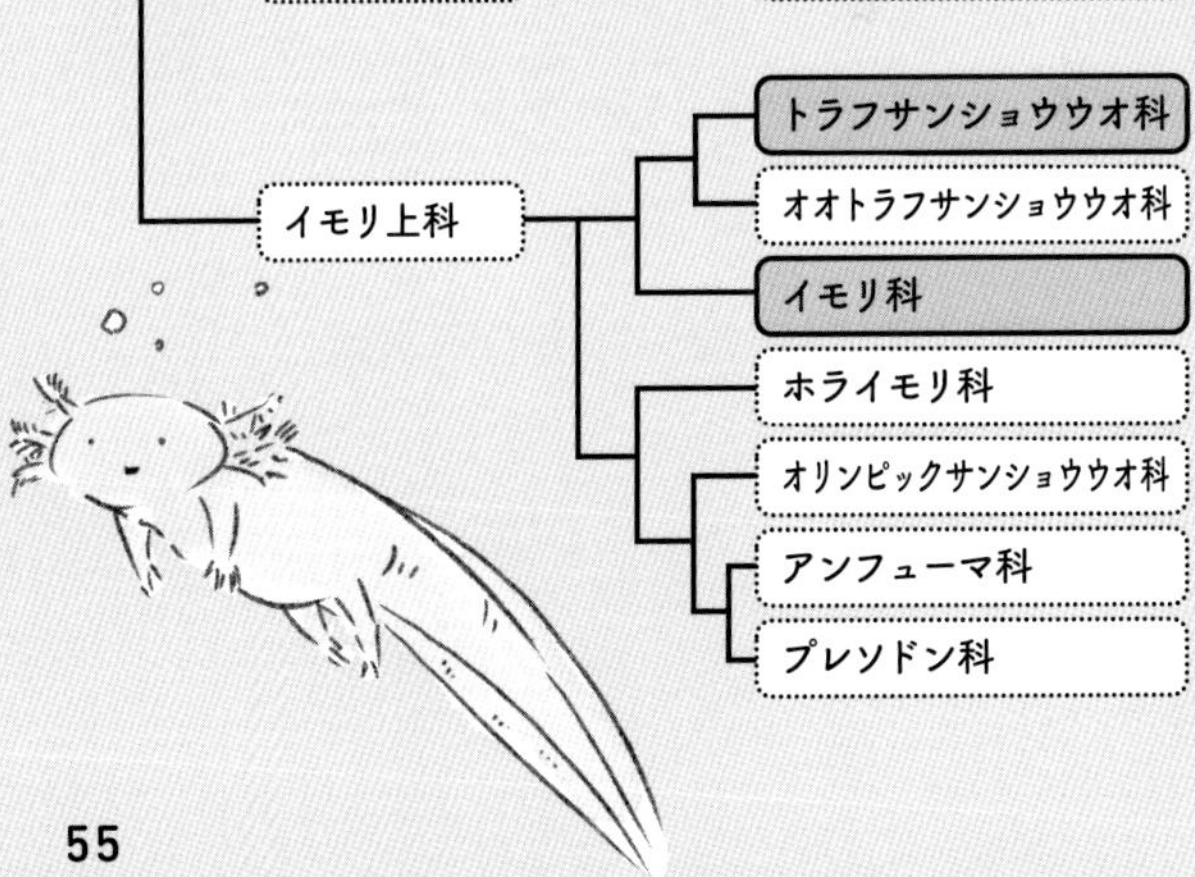

生きるって、日々微《び》調《ちょう》整《せい》。

ヤマトシジミ※1

マルスダレガイ目シジミ科

分布 日本（北海道〜九州の汽水域《きすいいき》）

殻長※2 約3cm

※1　食用のシジミは99%以上がヤマトシジミ。

※2　貝の長い部分の幅。

キミもボクのことを地味だって言うのかい？

いや、まだ何も言ってないけど……なんかの貝だよね？

ボクはシジミさ。

あぁシジミね、知ってる知ってる。

まぁ、そういう軽い扱《あつか》いを受けるのは仕方ないよね、ボクなんかどうせ地味で目立たないし。

別に地味だなんて思ってないよ（そもそもシジミについて何か思ったことなんてないし）。

いや、ホントは思っているでしょ。だって、この前もサリーとグリーに「地味」ってからかわれたし。

サリーとグリー？

えっ？　彼《かれ》らのことを知らないのかい？

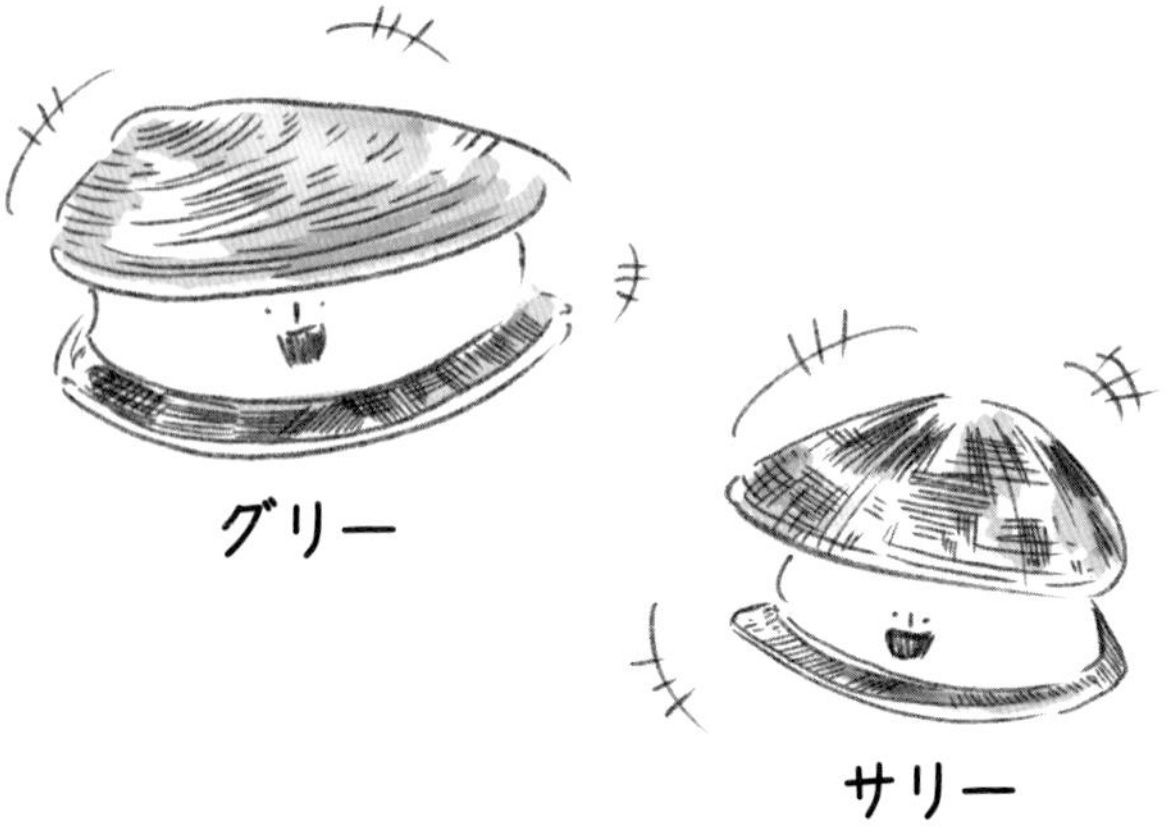

アサリとハマグリだよ。

呼《よ》び方おかしいでしょ！

そうかい？　ちなみにボクはジミーって呼ばれてるんだ。

へぇ……。

確かにシジミは地味だと思うよ。サリーはボクより大きいし、グリーは大きいだけでなく高級感があるし。でもボクたちシジミは地味な分、毎日地道に強く生きてるんだ。

……。

あっ、今のは「シジミ」「地味」「地道」をかけたダジャレで……

説明しなくていいから！

ちなみに、シジミがどこに住んでるか知ってるかい？

海じゃないの？

半分正解かな。海水と淡水《たんすい》が混ざる所だよ。※1

あぁ、海と川の境目とか？

正解。あと海の水が入ってくる湖とかもね。※2 そういう所って、塩《えん》分《ぶん》濃《のう》度《ど》が変化しやすいんだ。海水と淡水が混ざるから。

塩分が濃《こ》くなったり薄《うす》くなったりするってことね。

そう。で、塩分が濃くなると「浸《しん》透《とう》圧《あつ》」という圧力が、ボクの体にかかってくるんだよね。キミ、「浸透圧」って知ってるかい？

……知らない。

※1　海水と淡水（塩分のない水）が混じり合った水を「汽水」という。
※2　シジミの生息地としては、汽水湖である宍道湖《しんじこ》（島根県）が有名。

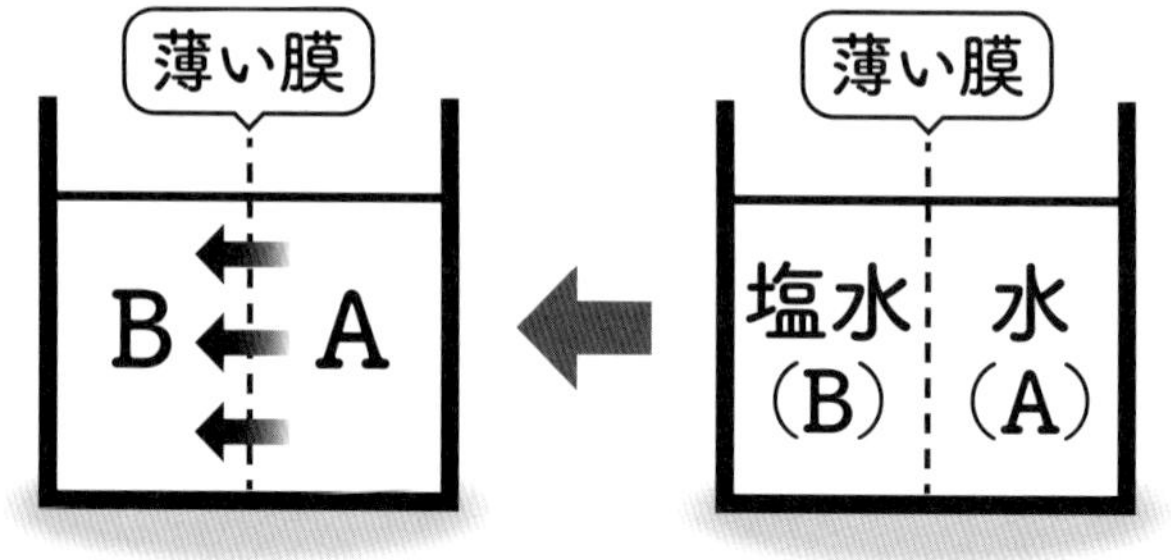

水(A)と塩水(B)
を置くと…

AからBに
水が流れ込む

例えば水（A）と塩水（B）を薄《うす》い膜《まく》で仕切って置いておくとね、水がAからBへと流れ込《こ》むんだ。このAからBへ水が移動する力が浸透圧《しんとうあつ》。分かるかい？

んー、分かったような分からないような。

まぁ、難《むずか》しいよね。浸透圧はいいや。

いいんかい！

すごく簡単《かんたん》に言うと、水って濃度《のうど》が濃《こ》いほうに向かって流れ込んじゃうんだ。これなら分かるかい？

それはなんとなくイメージできる。

でね。もし塩分の濃い水の中にいたら、ボクの体内の水分が流れ出ちゃうことになるでしょ。図でいうとボクの体内の水分がAってことだから。

確かに。

だからボクは体内を調整して、水分が流れ出ないようにしてるんだ。※1

見た目じゃ分からないけど、結構面倒《めんどう》なことをしてるんだね。

本当なら自分の過ごしやすいところに移動すればいいんだけど、ボクはそんなに歩けないからね。※2 自分に合う環境《かんきょう》を探《さが》すんじゃなくて、今ある環境に自分をうまく合わせているんだ。ボクは塩分の濃度変化への対応力が、サリーやグリーに比べて……

※1　シジミは水中の塩分が濃くなった場合は、体内のアミノ酸の量を増やす。逆に水中の塩分が薄くなった場合は、体内のアミノ酸の量を減らして浸透圧を調整している。

※2　シジミにもあしはある。ただ、遠くへは移動できない。

た**かい**からね。

……。

だから海水と淡水《たんすい》が混ざる所で圧倒的《あっとうてき》に繁栄《はんえい》できたんだ。ボクほどうまく環境《かんきょう》に合わせられる生き物は少ないから、ライバルも少ないんだよ。※

確かに塩分の変化に合わせるのって、地味に大変そう。

どうせ地味だよ……。でも、何もしてないように見えて、実はいろいろ微調整《びちょうせい》してるってことが分かったでしょ？

※シジミは塩分の濃度変化への対応力が高いだけでなく、他の貝と比べて水中の酸素が少ない所にも強い。また、他の貝に比べて温度変化にも強い。

変わらない穏《おだ》やかな毎日を送るためには、周りに合わせてちょっとずつ自分自身を変えていかないとダメなんだ。

ここで啓発《けいはつ》がきたか……深いな。

人間関係なんて、海水と淡水が混じり合うどころか、もっといろんな事情が複雑に入り交じってるでしょ？　家族、友達、恋人《こいびと》と変わらない関係を続けていきたいなら、相手の状況《じょうきょう》、心境、体調とかに合わせて、細かく対応を変えていくことが大切だよ。

覚えておくよ。

分かったかい？

うん、分かった。

いや……

分かった**かい**?

「かい」はずっと気になってたけど、スルーしてただけだから!

「了解《りょうかい》」とか気の利《き》いたこと、言えないのかい?

いや、もう限界。

そうかい。

……。

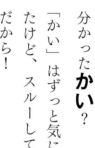

ヤマトシジミの教え

生きていく上で、「必ず幸せになる方法」なんてないと思う。でも、「必ず不幸せになる方法」はあるよ。それは自分を変えないこと。環《かん》境《きょう》や相手の変化に合わせて自分自身を変えられなければ、100%失敗するんだ。だからボクは、**「周りは常に変わる」「自分を常に変える」という2つのことをいつも意識しているよ。**

そうそう、くれぐれも「自分を貫《つらぬ》く」と「頑固《がんこ》」を混同しちゃダメだよ。分かったかい？

調整中

今日も快調だぜ
貝だけに…
……
あ…つまんなかった？
大丈夫！
ボクってほら、まわりに合わせて変化するの得意じゃん
今わらいのツボ変えてるからもうちょいまってね
あっ……
なんかゴメン

ツボがわったよ・・
もう一回
どうぞ!!
えっ・・・・
もういいよ・・

もしカメ コラム 4

シジミの意外な事実

シジミを含《ふく》む貝類は、タコやイカなどと同じ軟体動物《なんたいどうぶつ》に分類されます。日本に生息するシジミは、ヤマトシジミ、マシジミ、セタシジミの3種。食用のシジミは99％以上がヤマトシジミです。ここではヤマトシジミの生態を紹介《しょうかい》します。

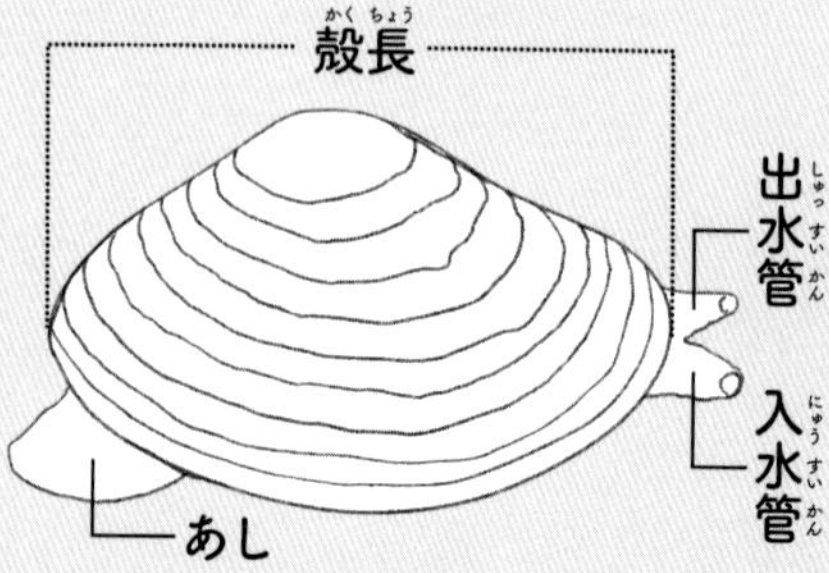

1匹《びき》が産む卵《たまご》は数十万個

オスが精子を、メスが卵を水中に放ち、水中で受精します。その際、1匹のメスが放つ卵の数は数十万個とも考えられています。ちなみに、卵も精子も出水管から放出されます。

幼生《ようせい》は泳ぐ

幼生は数日間、水の中を遊泳します。この期間に、生息域《せいそくいき》を広げることができるのです。やがて貝殻《かいがら》が形成されると着底します。

あしがある

あしを使って砂《すな》の中に潜《もぐ》り、入水管と出水管を水中に出して過ごします。

水をろ過《か》する

入水管から水を吸《す》い、植物プランクトンやデトリタス（生物の死骸《しがい》や分解物などの有機物）を食べています。その際、エラでろ過された水は出水管から水中に出されます。こうして水質《すいしつ》浄化《じょうか》に貢献《こうけん》しているのです。

貝殻の色はいろいろ

環境《かんきょう》によって黒、茶色、黄色など貝殻の色に違《ちが》いがあります。一般的《いっぱんてき》に、泥《どろ》に生息しているものは黒、砂に生息しているものは茶色や黄色が多いです。

20年近く生きたシジミも

平均寿命《へいきんじゅみょう》は、約10年といわれています。しかし、1987年に生まれたと考えられる個体が2006年に見つかっているので、20年近く生きることもできるようです。

また、「シジミ＝小さい貝」というイメージがありますが、まれに殻長が5㎝を超《こ》えるものも見つかります（通常は大きくても4㎝程度）。

イヤな環《かん》境《きょう》、バンバン避《さ》けよう。

ヤゴ（アキアカネの幼《よう》虫《ちゅう》）

トンボ目トンボ科

分布 日本（北海道、本州、四国、九州）

体長 終《しゅう》齢《れい》幼《よう》虫《ちゅう》※1は1.6〜2.0cm

※1　羽化する前の幼虫。

おいオマエ、なんかさっきジミーにいろいろ言われてたな。

うん、真面目なんだけどダジャレ好きな貝だったよ、ジミー君。
……って君《きみ》はだれ？

ヤゴだ。

あぁトンボの幼虫ね。水の中にいるんでしょ。兄貴《あにき》が虫好きだから、田んぼでつかまえたりしたことあるよ。

そりゃ結構なことだ。っていうか、マジでジミーは意識が高過ぎて、付き合いきれないよな。育ってきた環境が違《ちが》い過ぎるって思うよ。
まぁ実際、アイツとオレは住む場所が違うしね。※2

ジミー君となんかあったの？

オレ、アイツが……

※2　シジミは海水と淡水が混ざる河口付近や湖などに、ヤゴは田んぼ、池、沼などに生息している。

なんか苦手。だって、考え方が全然違《ちが》うんだもん。アイツ、「周りの変化に合わせて自分自身を変えていくべきだ」とか言ってなかった？

言ってた言ってた！

そんな面倒《めんどう》な考え方、ありえないでしょ。だって、周りに合わせるなんて楽しくないじゃん。

確かにその感じだと、ジミー君と合わなそうだね。

だろ？　オレのルールはたった1つ。**イヤな環《かん》境《きょう》、バンバン避《さ》ける。**

……（ヤゴってすごくダメなヤツなのかな）。

オレ、アキアカネ※っていうトンボの幼虫《ようちゅう》なんだけど、メスは秋に卵《たまご》を産むんだ。で、卵のまま冬を越《こ》すんだよね。

へぇ、すぐには生まれないんだ。

だって……

※「アカトンボ」と呼ばれるトンボの中でも、代表的な種がアキアカネ。

冬、さっむいじゃん。

まぁね……。

わざわざキンキンに冷えた環境《かんきょう》に生まれる必要なくない？　つらい状況《じょうきょう》にみずから飛び込《こ》む必要なくない？

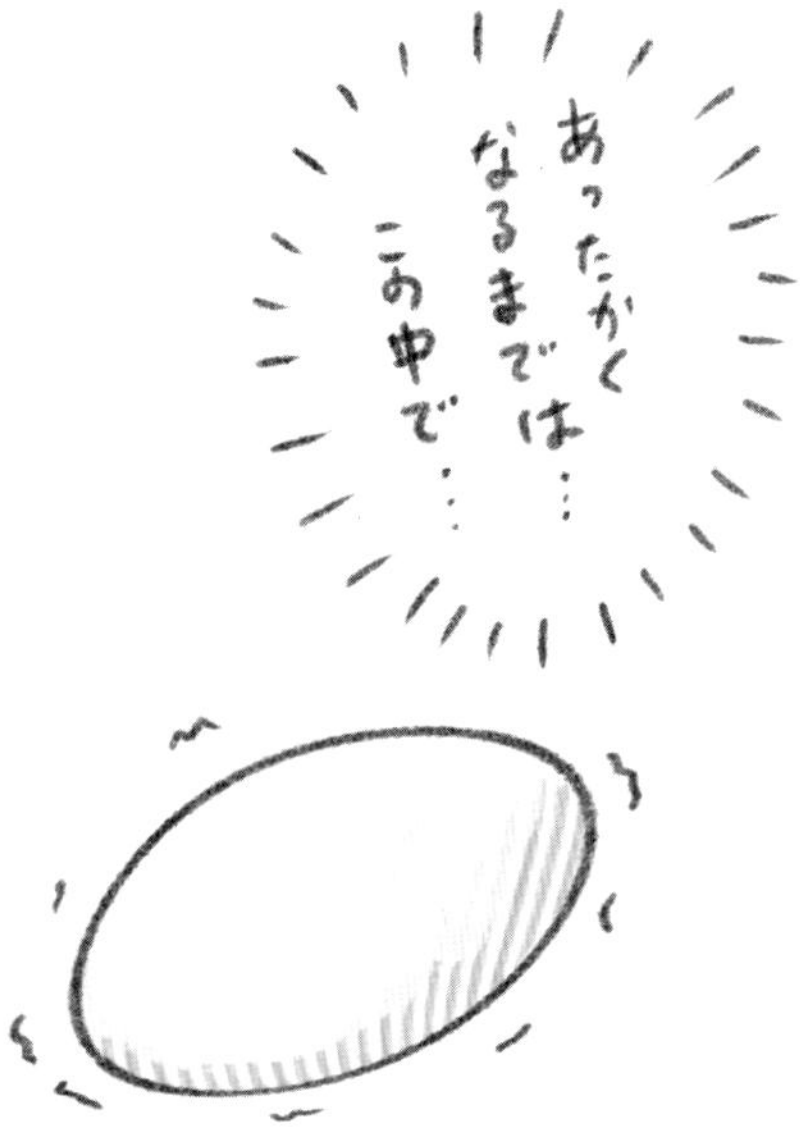

うん、言いたいことはよく分かるよ。

だろ？　だからオレらは春まで卵《たまご》の中で過ごすんだよ。で、田植えのシーズンに卵から出てくるんだ。※　その頃《ころ》には、水中にオレのエサになるミジンコや小さい魚もいっぱいいるしね。

都合の良い環境を選んで生まれてくるわけね。

そういうこと。だって、そのほうが生きやすいし。で、3ヶ月くらい水中で成長して、夏にヤゴからトンボになるんだけど、しばらくしたら山のほうへ行くんだよね。

なんで？

だって……

※秋に卵の中でヤゴの形になるが、そこでいったん活動を停止する。春になると卵の中でまた活動を再開して、殻を破ってヤゴが生まれる。

夏、あっついじゃん。
だから涼《すず》しい山で過ごすの。※1

なんかセレブみたい。

だって、できるだけ気持ち良く生きたいじゃん？　無理に周りに合わせると、体調崩《くず》しちゃうし。人間関係も一緒《いっしょ》だぞ。我慢《がまん》して苦手な人に合わせても、ストレスがたまるだけだ。**できるだけ逃《に》げろ。避《さ》けろ。**オマエ、苦手な友達からちゃんと逃げてるか？

いやいや、1回くらいは避けら

※1　アキアカネは夏を山で過ごし、秋頃になると卵を産むために平地の水辺に戻ってくる。ちなみに、ナツアカネは夏も平地で過ごす。ナツアカネも「アカトンボ」と呼ばれる種。

れるかもしれないけど、毎回は無理だよ。人間関係ってそんな単《たん》純《じゅん》じゃないからさ。「できるだけ逃げろ」だなんて、君《きみ》のエゴを押《お》し付けないでよ！

エゴ？　オレはヤゴだぞ。

……（ひゅぽ）。

冗《じょう》談《だん》冗談。まぁ難《むずか》しいと思うけど、イヤな環《かん》境《きょう》に合わせるより、勇気を持って逃げたほうが楽しいと思うぞ。周りに合わせてばかりだと、不満を抱《かか》えたまま、あっという間に一生が終わるからな。※2楽しく生きるための逃《とう》亡《ぼう》は、今すぐ実行するべきだ。

うん、正《せい》論《ろん》だと思うよ。でも1つ気になってること言っていい？君、さっきからずっと「経験豊富な生き物」みたいな雰《ふん》囲《い》気《き》を出してるけど、ヤゴって幼《よう》虫《ちゅう》だよね？

えーっと……

※2　アキアカネの寿命は約1年。秋に卵を産むと死んでしまう。

せいご2かげちゅ。※

真面目《まじめ》に聞いて損した。

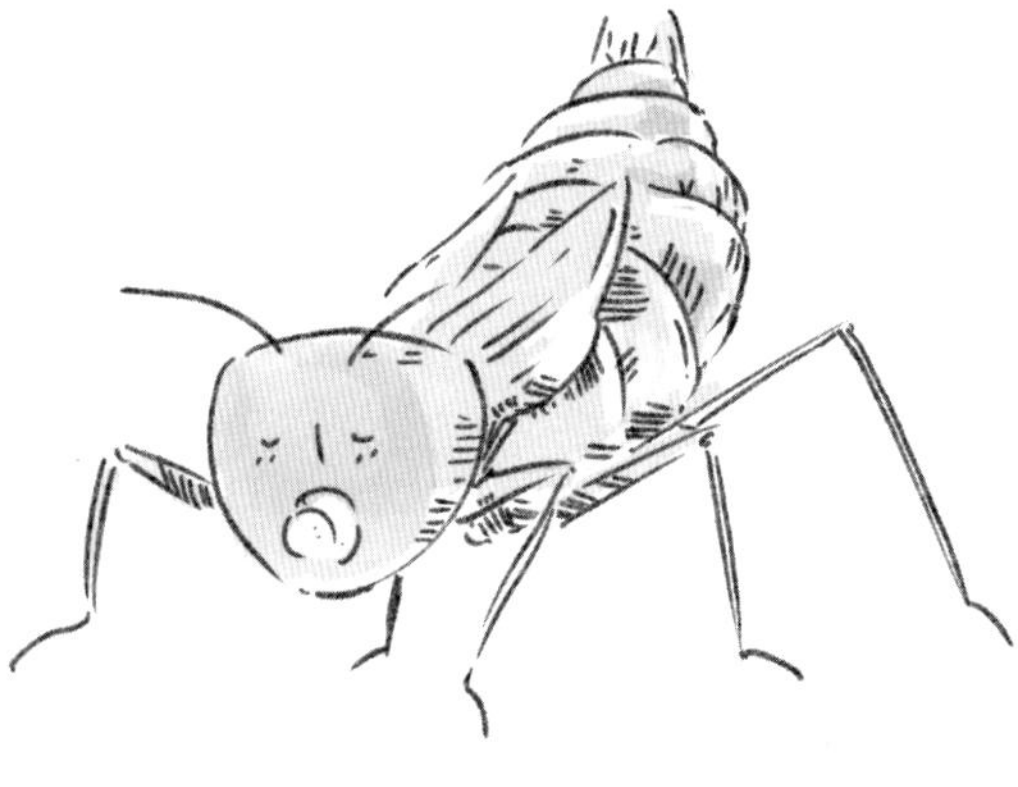

※「卵から生まれて2ヶ月」という意味。卵自体は前年の秋に産み落とされている。

ヤゴの教え

ジミーみたいに「環境《かんきょう》に合わせる力」もすごいと思うよ。 でも、オレみたいに「イヤな環境を避《さ》ける力」も大切だぞ。 **逃《に》げたり避けたりすることで、自分が壊《こわ》れるのを未然に防いでるんだから。**

「みんなと仲良く」とか言うけれど、つらかったら逃げていいとオレは思う。 だって、相性とかもあるし。 生きるのって、**「何をやるか」より「だれとやるか」が重要だったりするからな。**

逃《とう》避《ひ》

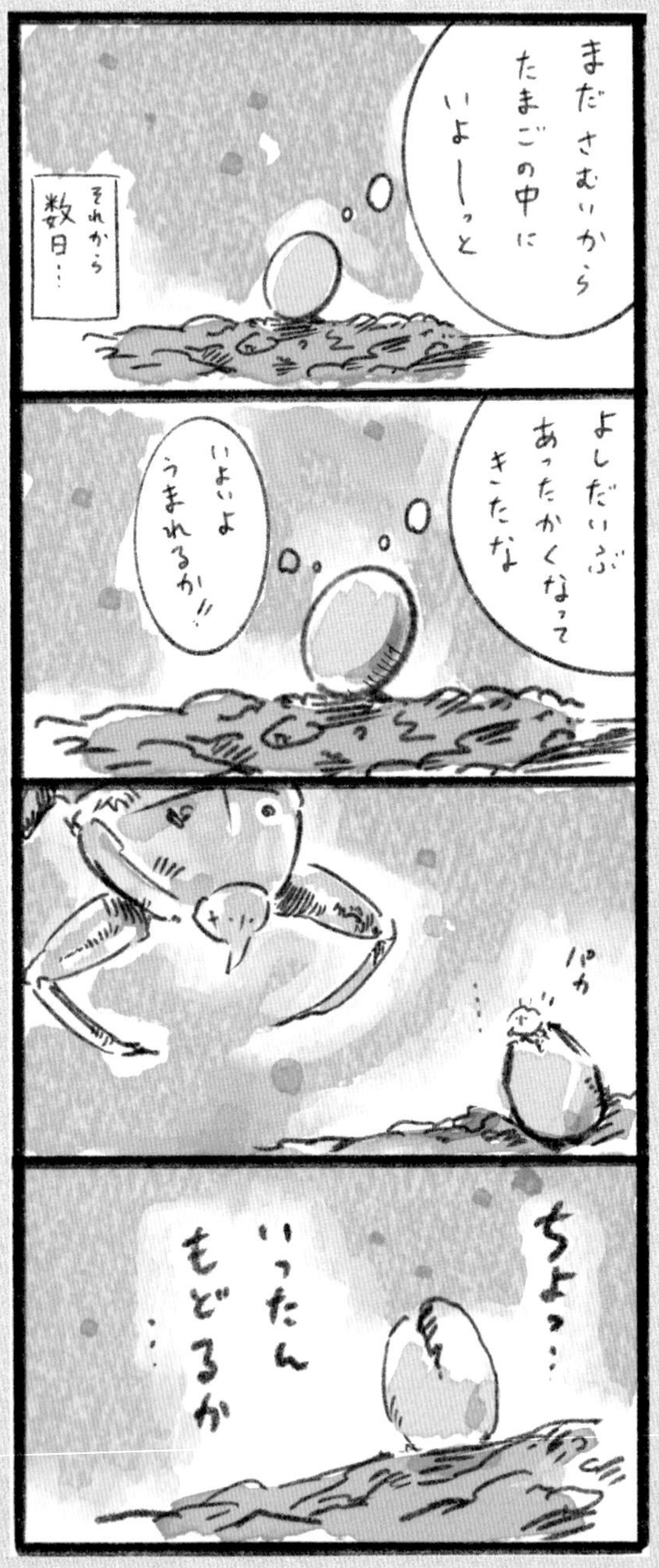
まださむいから
たまごの中に
いよーっと
それから数日…
よしだいぶ
あったかくなって
きたな
いよいよ
うまれるか!!
パカ
…
ちょっ…
いったん
もどるか
…

いったかな？
キョロ
キョロ

もしカメ コラム 5

ヤゴの意外な事実

トンボは世界に約５５００種、日本には約２００種生息しています。トンボの幼虫《ようちゅう》は「ヤゴ」と呼《よ》ばれ、ほとんどが水中で成長します。

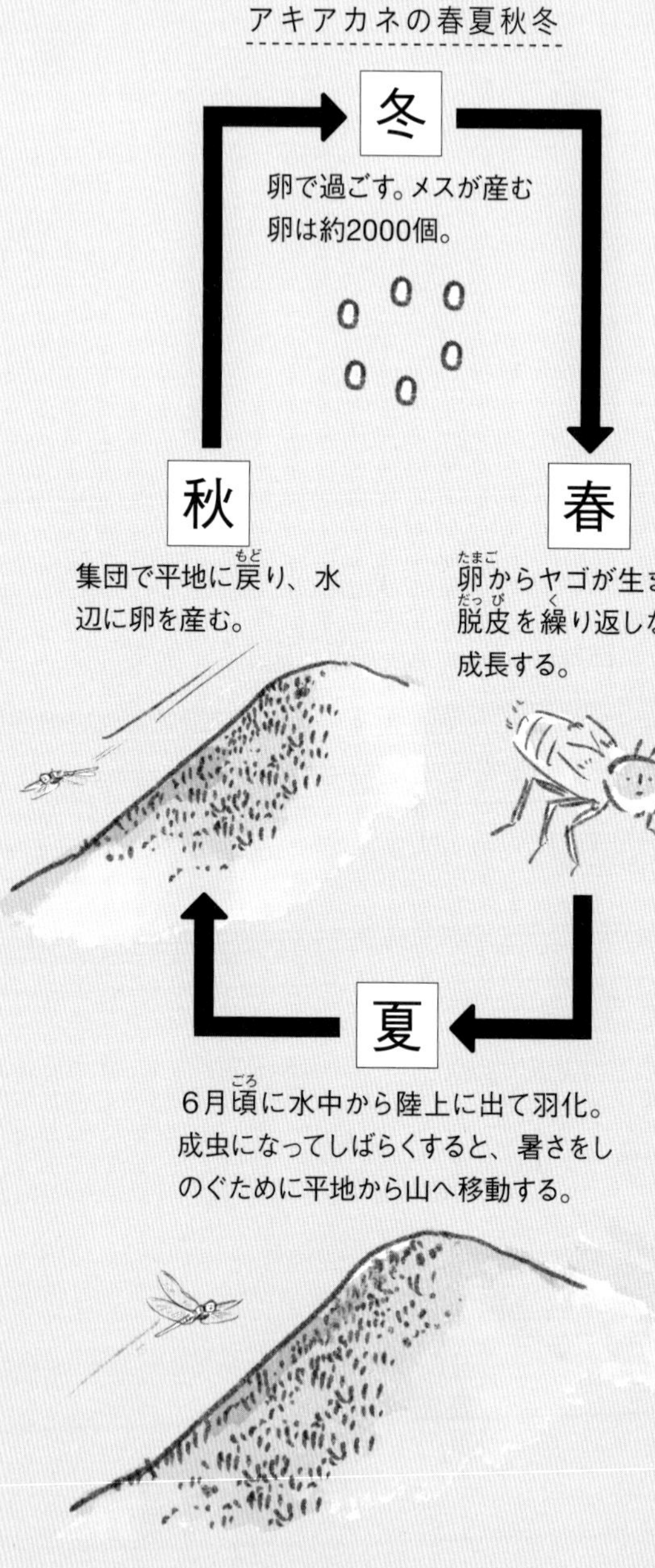
卵で過ごす。メスが産む卵は約2000個。
卵《たまご》からヤゴが生まれる。脱皮《だっぴ》を繰《く》り返しながら成長する。
6月頃《ごろ》に水中から陸上に出て羽化。成虫になってしばらくすると、暑さをしのぐために平地から山へ移動する。

冬の姿《すがた》は種によって違《ちが》う

アキアカネのように卵で冬を越《こ》す種もいれば、オニヤンマのようにヤゴの姿で冬を越す種もいます。中には、オツネントンボのように成虫で冬を越す種もいます。

ちなみに、オニヤンマは幼虫の期間が長く、数年間ヤゴの姿で水中に生息しています。

見た目が種によって違う

コオニヤンマのヤゴのように、丸くて平たい形の種もいれば、アオイトトンボのヤゴのように、細い棒《ぼう》のような種もいます。

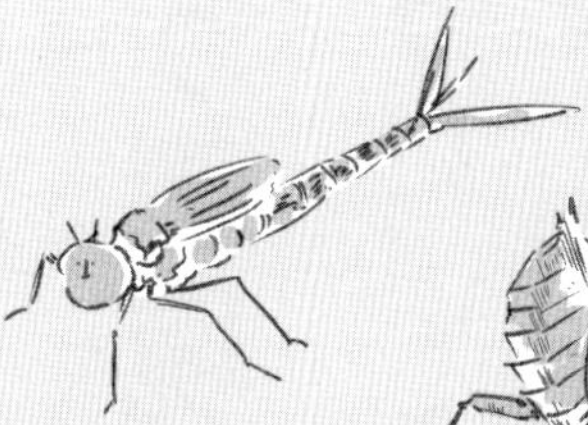

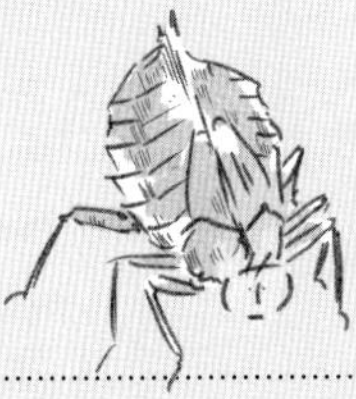

あごが伸《の》びる

ヤゴは折りたたまれている下あごをすばやく伸ばして獲物《えもの》をつかまえます。小さい時にはミジンコ、大きくなると小魚などを食べます。

「アカトンボ」という種はいない

「アカトンボ」とは、トンボ科アカネ属のトンボの総称《そうしょう》です。アカネ属のトンボは、成熟《せいじゅく》するとオスの体が赤くなります。アキアカネ以外にも、ナツアカネやミヤマアカネなども「アカトンボ」と呼ばれます。

自分に合う環境《かんきょう》を、貪欲《どんよく》に狩《か》りにいこう。

ホンヤドカリ※1

十脚目《じっきゃくもく》ホンヤドカリ科

分布 日本（北海道南部〜九州）、中国、ロシア

甲長※2 約1cm

※1　ホンヤドカリは右のハサミ（向かって左側のハサミ）が大きい。種によって「左のハサミが大きい種」「左右同じくらいの種」もいる。

※2　頭胸部の長さ。ヤドカリには頭と胸が合体した部分がある。

みなさんご存知《ぞんじ》、ヤドカリよ。※3

あぁ知ってる。その背負《せお》ってる貝殻《かいがら》、自分の体じゃないんでしょ？

その通り。アタシは自分に合った巻《ま》き貝を見つけて、その中に体を入れてるの。「宿を借りる」からヤドカリよ。※4

なんでそんな面倒《めんどう》なことするの？

体を守るために決まってるじゃない。ちょっと想像すれば分かるでしょ。

あぁ、すみません（怖《こわ》いなぁ）。

今日は特別に、アタシの体を見せてあげるわ。

えっ？

じゃあ、いくわよ。

そんな、いいよ急に……もしかして脱《ぬ》ぐの？　脱いじゃうの？

※3　ヤドカリは、エビの仲間が進化したと考えられている。

※4　ヤドカリは、死んで空になった巻き貝の貝殻を見つけて中に入る。

どう、アタシの体？

なんか……曲がってるね。ちょっと面白い。

失礼ね！　これにもちゃんと理由があるのよ。海に住む巻《ま》き貝はほとんど右巻きなの。だから**曲がってるんじゃなくて、あえて体を右巻きに曲げてるのよ。**※

そうなの!?

そんなことも知らないで、「面白い」なんてよく言えるわね。アナタの無知のほうがよっぽど笑えるわよ。

……ごめんごめん、そんなに怒《おこ》らないでよ、悪気はないんだから(性格も曲がってるー)。

かりに悪気がないとしても、体のことを指摘《してき》するなんて無神経よね。**かり**に体のことを指摘するにしても、「面白い」はひどくない？　**かり**に「面白い」って思ったとしても、それを言ったら相手が傷《きず》つくって想像できないの？　っていうか……

※右巻きの貝は全体の約90%といわれている。ただ、なぜ右巻きなのかは分かっていない。

アナタどれだけカリる気なの！

……ご、ごめんね（なんだよ「カリる」って）。でもさ、なんか君《きみ》、強そうだから別に貝に入らなくてもいいんじゃないの？

アタシ、頭のほうは硬《かた》いけれど、おなかのほうは柔《やわ》らかいの。だから貝殻《かいがら》に入って守ってるのよ。あっ、「頭は硬い」っていっても、「融通《ゆうずう》が利《き》かない」って意味じゃないからね。

その発言がカッチカチに硬いけどね。

で、体に合う貝殻が見つかったら、そのたびに住み替《か》えるの。脱皮《だっぴ》をするたびに体も大きくなるから、ピッタリくるサイズも変わるしね。貝殻探《さが》しはアタシのライフワークよ。

常に自分に合う貝殻を探してるんだね。大変だなぁ。でもそんなピッタリくるのなんて、簡単《かんたん》には見つからないでしょ？

だからいつも探してるのよ。時には別のヤドカリと貝殻を交換《こうかん》することだってあるわ。

えっ？　そんなこともするんだ。

相手の貝殻をグッとつかんで、ドンドンってノックして、相手が出てきたらそこに入れさせてもらうの。

……それって交換じゃなくて、奪《うば》ってない？※

まぁそうとも言うわね。感覚的には……

※ヤドカリは相手の貝殻に自分の貝殻を何度もぶつけ、相手を外に追い出し、その中に入る。追い出されたヤドカリは、追い出したヤドカリのいた貝殻に入る。

「宿を借りる」っていうより、**「宿を狩《か》る」**に近いわね。

ガツガツしてるなぁ。

より良い環境《かんきょう》を求めるのは当然でしょ。一説によると、体にピッタリ合った貝殻《かいがら》を背負《せお》ってるヤドカリは、30％ほどともいわれてるんだから。現状に満足してるヤドカリは少ないのよ。人間だって同じでしょ？

まぁね。確かにぼくも「もっと良いバイトないかなぁ」とか思う時もあるけど、今の環境でうまく折り合いをつけていけたら、それはそれでいいかなぁなんて……

そんなんじゃダメ！　**良い環境は奪《うば》い合いよ。**生き物って狩るか狩られるかの厳《きび》しい世界なんだから、もっと貪《どん》欲《よく》に上を目指さないと。ボヤボヤしてたら今の環境すら身近なだれかに奪われるわよ。ほら、こんな名言もあるじゃないの。

「一番厳しい闘《とう》争《そう》が演じられるのは、ほぼ決まって同種の個体間においてである」※1って。

知らないなぁ。だれが言ったの？（もしかしてまた織《おり》姫《ひめ》？）※2

これは……

※1　この言葉は、「同じ場所にいて、同じ食べ物を必要とし、同じ危険にさらされている者同士だからだ」と続く。

※2　前回、ニホンイシガメが織姫の名言を出してきたので（P20）、今回もそうではないかと予想している。

ダーウィンさんよ。※1 彼《かれ》が書いた『種《しゅ》の起源《きげん》』って本にある言葉なの。

よく知ってるね、そんなこと。

彼はアタシたちの仲間・フジツボの研究者でもあったからね。※2

※1　チャールズ・ダーウィン（1809-1882）　自然史学者。1859年に『種の起源』を出版し、進化論を提唱した。

※2　ダーウィンはフジツボの研究に関する論文を発表している。あまりにも研究に没頭したため、ダーウィンの幼い息子は「世の中の父親はみんなフジツボの研究をしている」と思い込んでいたそう。

フジツボはヤドカリ、エビ、カニと同じで甲殻類《こうかくるい》なのよ。

いろいろ詳《くわ》しいなぁ……。

アナタが知らな過ぎるのよ。**情報も環境《かんきょう》も、貪欲《どんよく》に狩《か》る！**※3 これが生き物の鉄則よ！ 分かった!?

分かったよぉ……（しゃべりながら興奮《こうふん》するタイプだな）。

いや、アナタは分かってない！ そんなゆるい考え方がま**かり**通ると思ってるの？ 生き物にとって環境は本当に大切なのよ！ アタシだって、うっ**かり**小さい貝殻《かいがら》の中にい続けると成長しにくくなったりするんだから！ 環境の良し悪《あ》しが一生を左右するのよ！ それを分かってないアナタを見てると、い**かり**が抑《おさ》えきれなくてし**かり**たくなるの！ うううう、アタシばっ**かり**興奮させられてイヤになっちゃう！ もうこれ以上……

※3　ちなみにヤドカリは、生きている動物を襲って食べることはほとんどない。海藻や死んだ魚などを食べる。

カリカリさせないで！

はいはい分かりました!!

ホンヤドカリの教え

成長してる限り、ベストな環境《かんきょう》って毎日ちょっとずつ変わっていくものよ。　だから、「今のままが良い」って思うのは、どうかと思うわ。アタシが他のヤドカリから貝殻《かいがら》を狩《か》るみたいに、良い環境を貪欲《どんよく》に探《さが》し続けなきゃ。現状維持《げんじょういじ》は退化《たいか》だからね！

狩《が》られても

おい！その貝ハかしてくれや
えっ…やだよ…
かりるだけだって
ザ
あああかえしてよ!!
おっ！いいじゃん ずっとかりるぜ
そのかわりその貝ハはかしてやるよ！ハハハ
ううう…くやしい…でもないよりはまし…
いがいとええやん…
ピッタリ〜

住めばみやこ

もしカメ コラム 6

ヤドカリの意外な事実

ヤドカリは、エビ、カニなどと同じ甲殻類《こうかくるい》の十脚目《じっきゃくもく》です。頭と胸が合体した部分（頭胸部《とうきょうぶ》）と、ハサミを含《ふく》めた10本のあしを持っています。

幼生《ようせい》は泳ぐ

卵《たまご》から生まれたばかりの幼生には、ハサミがなく、貝殻《かいがら》もありません。あしを動かし、はねるように泳いで獲物《えもの》を食べます。脱皮《だっぴ》を繰《く》り返し、ハサミや長いあしを持つようになると、貝殻を見つけて中に入り、泳がなくなります。

幼生

メスを持ち運ぶオス

繁殖期《はんしょくき》になると、オスがメスの貝殻をつかんで移動するようになります。メスと交尾《こうび》する機会を逃《のが》さないためです。

しかし、すぐには交尾できません。メスは、別のオスとの交尾で産んだ卵を腹《はら》に抱《かか》えているからです。卵から幼生が生まれ、メスが脱皮を終えると（メスが交尾できるのは脱皮直後だけ）、オスはやっと交尾することができます。しかし、交尾する前に他のオスにメスを奪《うば》われることもあります。

ピンチの時は自分でハサミを切り離《はな》す

敵《てき》に襲《おそ》われたヤドカリは、貝殻の中に身を隠《かく》します。しかし、時には逃《に》げ遅《おく》れてハサミやあしをつかまれてしまうことも。すると、みずからハサミやあしを切り離して逃げようとします。これを「自切《じせつ》」といいます。脱皮を繰り返すことで、自切した部位はもとに戻《もど》ります。

陸に生息するオカヤドカリ

ヤドカリはエラで水中の酸素を取り込《こ》むのが一般的《いっぱんてき》ですが、オカヤドカリはエラで陸上の空気から酸素を取り込みます。ただし、幼生は海に産み放たれ、成体になるまで水中で過ごします。

日本でも南の島に生息していて、天然記念物に指定されています。

タラバガニはヤドカリ

食用として有名なタラバガニは、カニではなくヤドカリの仲間とされています。ヤドカリは一番後ろのあし2本が短く、節《ふし》がありません。タラバガニも一番後ろのあしが退化《たいか》して短く、甲羅に隠れています。一方、カニは一番後ろのあしもしっかり見えています。

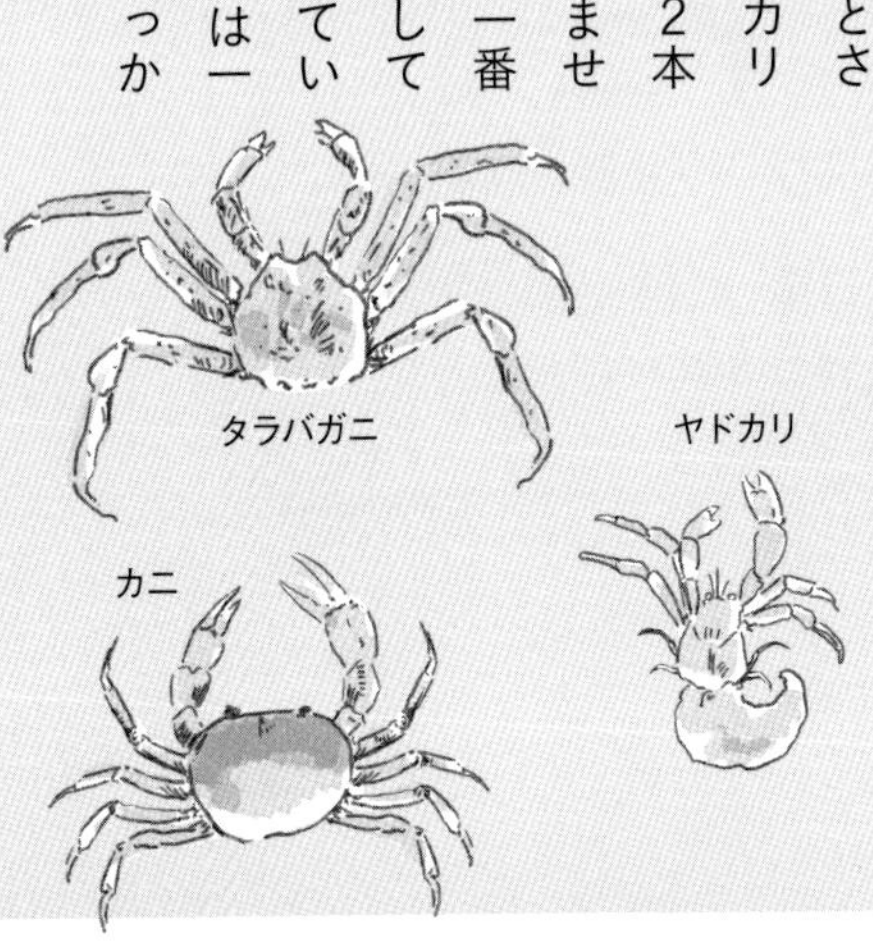

所有より、共有でござる。

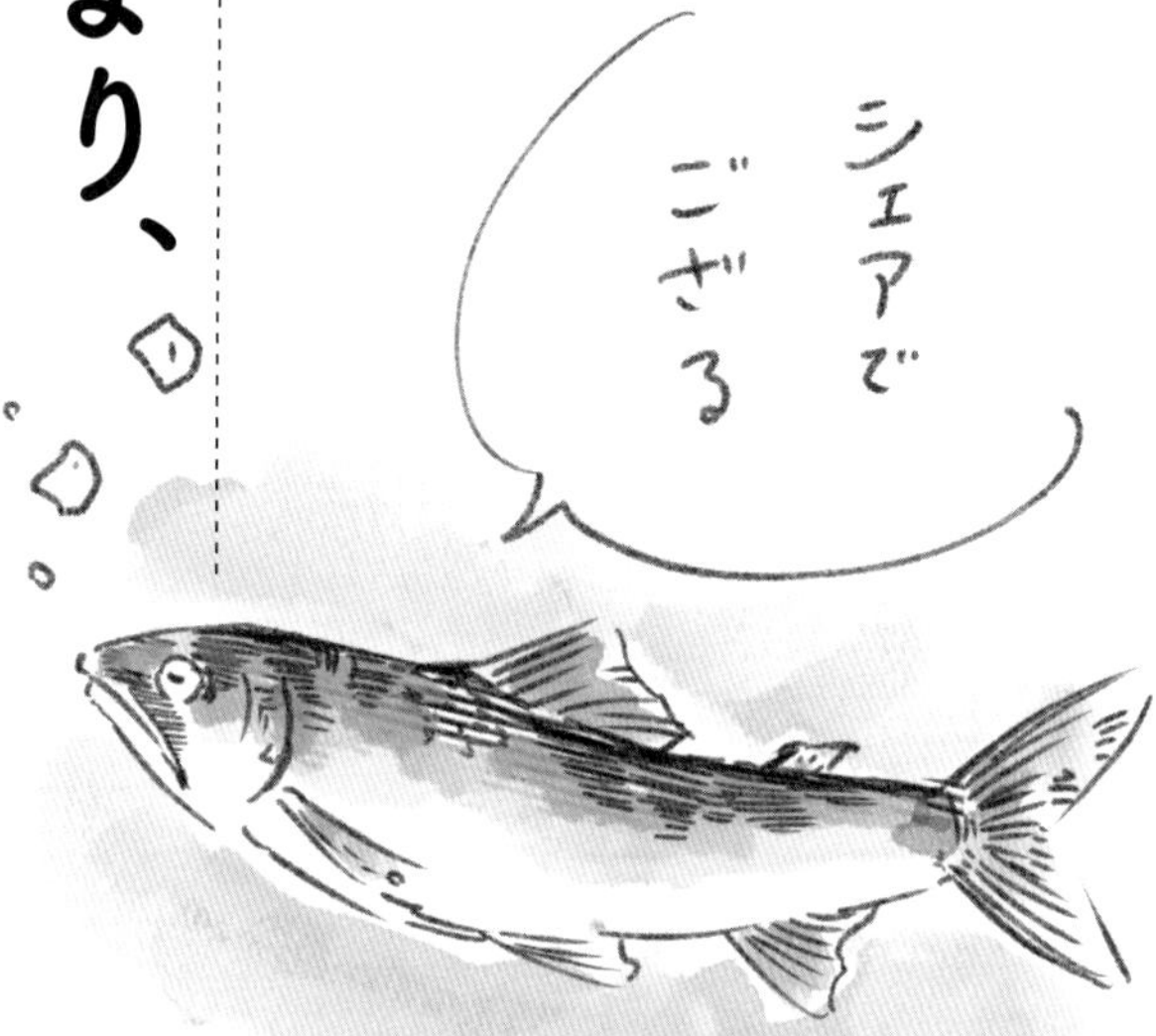

アユ

キュウリウオ目アユ科

分布 日本、朝鮮《ちょうせん》半島《はんとう》、中国

体長 15～30cm

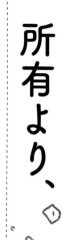

ちょいちょい、勝手にここに入ってくるでない。この線からこっち側は、拙者《せっしゃ》の領地でござるよ！

いいじゃんちょっとくらい、ケチだなぁ。

ケチではない！　そちらが大雑把《おおざっぱ》なのでござる！

そんなこと言わずに仲良くしようよ、ぼくは次郎《じろう》。君《きみ》は？

……アユでござる。オヌシ、そんな図々《ずうずう》しい性格だと周りとぶつかったりするのではないか？

そりゃ時々はあるよ。

生き物の中には、他者が自分のスペースに入ってくると不機嫌《ふきげん》になる者もいるのでござる。「邪魔《じゃま》されたくない」「損をしたくない」って本能が働くのでござるな。そういうなわばり意識が強いタイプは、オヌシを苦手とするかもしれぬでござるよ。例えば……

来るでない〜!!

拙者《せっしゃ》みたいに。拙者、なわばり意識がものすごーく強いのでござる。

そうだよね。さっきからぼくを追い出そうとしてるし。

拙者は川底の石にある藻《も》を食べるのでござるが、その周辺は拙者の領地になるのでござる。つまり、他の者は立入禁止なのでござる。※

戦国武将《せんごくぶしょう》みたいな発想だね……。

ちなみに拙者は「喧嘩魚《けんかうお》」とも呼《よ》ばれているのでござる。それくらい気性が荒《あら》いのでござる。

こわっ。でもさ、だれか入ってきちゃったりするでしょ？　ほら、こうやってさ……

こら！　オヌシ、またこっち側に入ってきたな。そういう時は……

※なわばりの広さは、その一帯に生息するアユの数などによって変わる。

成敗《せいばい》！

痛《いた》っ！　何するんだよ！

さっき言ったでござる、この線からこっち側は拙者《せっしゃ》の領地だと。

あぁなるほどね！　アユ君は電車で隣《となり》にだれかが座《すわ》った時ちょっとはみ出しただけですごいイヤな顔するタイプだね！　なんなら座り直すフリしてちょっと押《お》し戻《もど》してくるタイプだね！

はいはいそういうオヌシは電車の座席《ざせき》にデーンと座ってガンガンはみ出して迷惑《めいわく》かけるタイプでござるね！

魚は電車に乗らないくせに！

人間は電車に乗るくせに！

……そのキレ方はちょっとおかしくない？

すまぬ、ちょっと言い過ぎたでござるな。いや、ホントは拙者も直したいのでござる、この性格を。というのは、なわばり意識のせいで損をすることもあるのでござる。オヌシ、「アユの友釣《ともづ》り」を知ってるでござるか？

「友釣り」ってことは釣りの話？

そう、釣りでござる。アユを釣ろうとする人は、おとりのアユをつけた糸をたらすのでござるよ。すると……

ついついタックルしちゃって、釣《つ》り針《ばり》にかかってしまうのでござる。※1 習性って怖《こわ》いでござる。

釣られないためにも、その習性は直したほうがいいかもね。

世の中の流れを考えると、拙者《せっしゃ》の生き方は時代《じだい》遅《おく》れな感じがするでござる。「ここは拙者のなわばり！」とか「これは拙者の藻《も》！」とか必死になってると、なんだか時代に取り残されてる感じがして。

※1　アユはなわばりに別のアユが入ってくると、体をぶつけて追い払う。その習性を利用して、おとりのアユをつけた糸をたらし、体をぶつけてきたアユを針にかけるのが「アユの友釣り」。

言葉遣《ことばづか》いは古臭《ふるくさ》いのに、時代の流れは気にするんだね。

たぶん今の時代は、**所有ではなく共有でござる。**物でも場所でも知識でも、積極的にシェアするほうが、豊かな毎日を送れる気がするのでござるよ。人間の間でもシェア、流行《はや》ってるのでござろう？

うん、自動車、自転車、傘《かさ》だってシェアしたりするし。※2

そうやってゆるやかに共有する感覚を、拙者も身につけたいでござる。**バシッと境界線を決めてしまうと、他者と衝突《しょうとつ》しやすい**でござるからな。オヌシも自分と他者との境界線をあいまいにして、気軽にお互《たが》いの間を行き来できる関係を築いたほうがいいでござるよ。さて、もういいでござるか？

えっ？　どうしたの急に？

いや、特に用がなければ……

※2　現在は、駅前などを中心に傘のシェアリングサービスもある。また、自動車メーカーなどが特許使用を無償にしたり、プロスポーツ選手が練習方法を無料公開するなど、所有から共有への変化はさまざまなジャンルで広がっている。

あっち行って。やっぱり気になるでござる。ここ、拙者《せっしゃ》のなわばりでござるよ。

共有してよ!!

アユの教え

「独《どく》占《せん》したら勝てる」という時代は終わったでござる。自分の物を積極的にシェアして、共有して、仲間を増やしていく。そうすれば、所有するより「自分」の範《はん》囲《い》が広がって、より楽しく生きられるでござるよ……たぶん。拙者はまだできておらぬが、次《じ》郎《ろう》君《くん》はわりと得意なことかもしれぬな。

「独占するほうが得」と思ってたけど、それだと敵《てき》ばかり増えるし、広がりもないし、逆に損なのでござる。

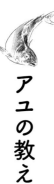

シェアに挑戦《ちょうせん》

けっきょく2つ
買いました

もしカメ コラム 7

アユの意外な事実

川魚のイメージが強いアユですが、実は回遊魚。親アユは川で産卵《さんらん》し、卵《たまご》から生まれた仔魚《しぎょ》は海へと向かいます。冬は海で過ごし、春になると川にやってきます。

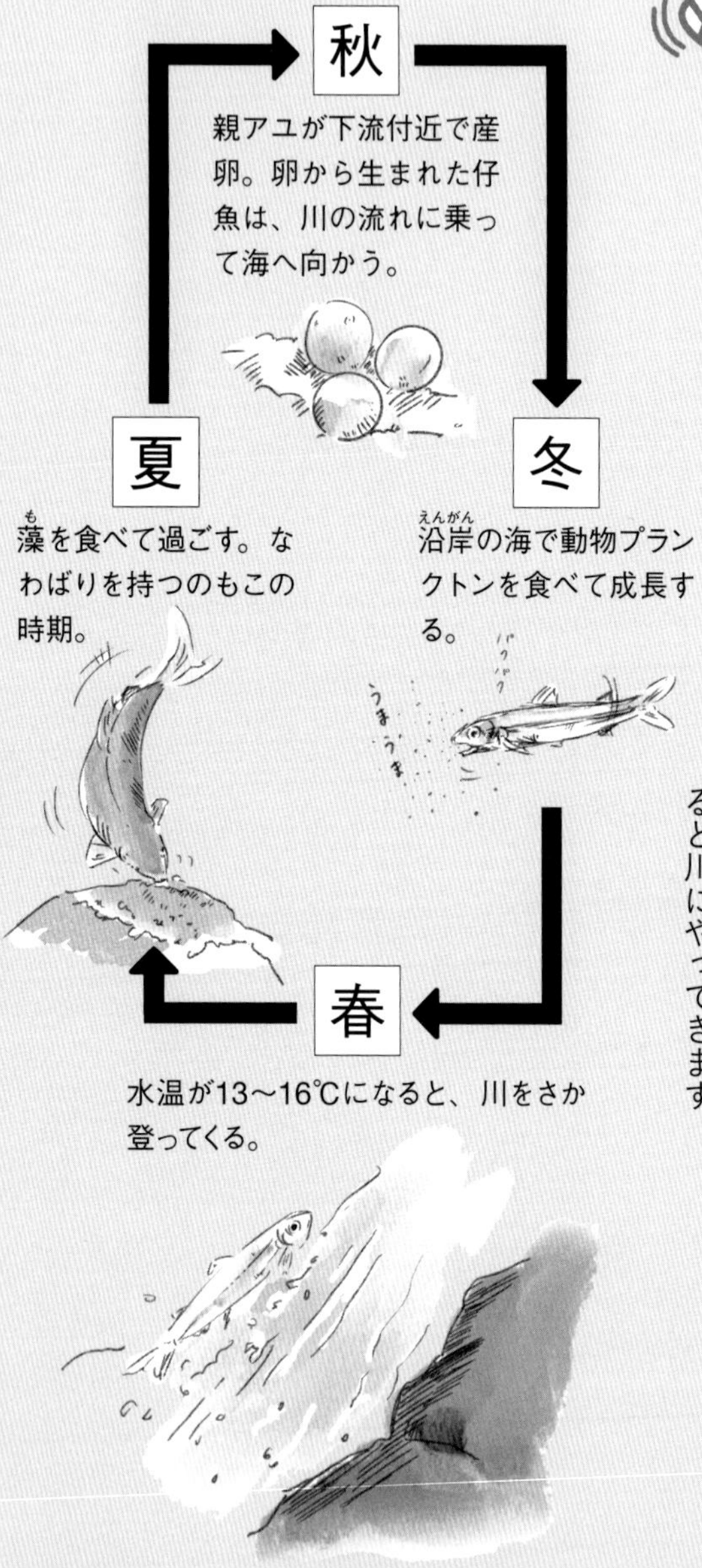
秋
親アユが下流付近で産卵。卵から生まれた仔魚は、川の流れに乗って海へ向かう。
冬
沿岸《えんがん》の海で動物プランクトンを食べて成長する。
バクバク
うまうま
春
水温が13〜16℃になると、川をさか登ってくる。
夏
藻《も》を食べて過ごす。なわばりを持つのもこの時期。

なわばりを作らないことも

アユが石についた藻を独占《どくせん》するためになわばりを作ることを紹介《しょうかい》しましたが、例外もあります。アユの数が多い時です。その場合は藻を独占せず、群れで行動するようになります。

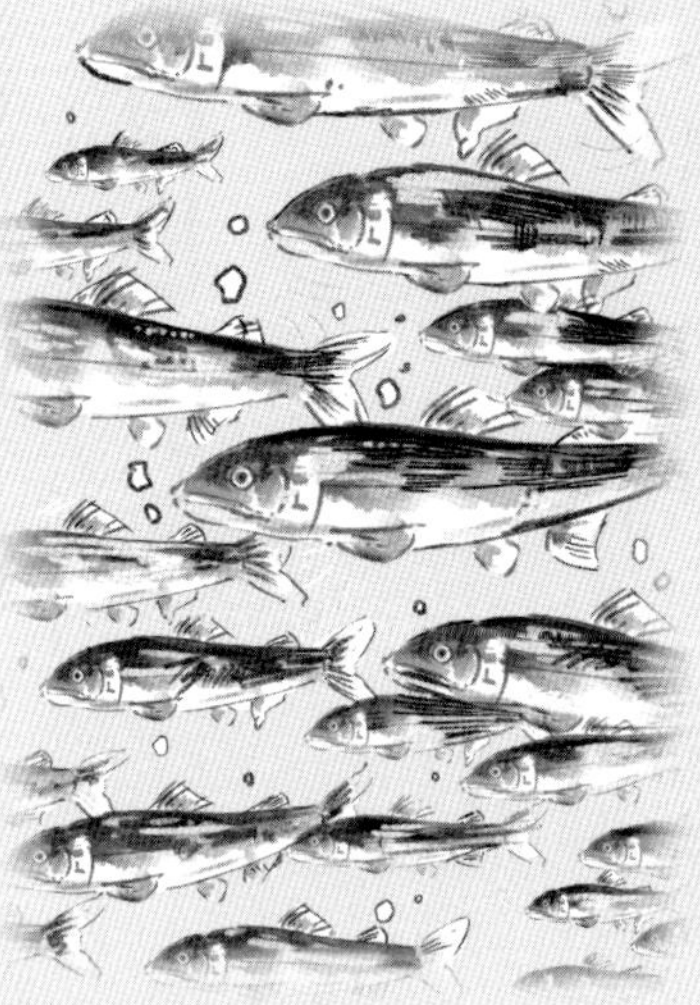

歯の形が変わる

アユは成長すると、とがった歯から、ブラシのようなくし状の歯に生え変わります。石についた藻を削《けず》り取るように食べるためです。

体の色が変わる

産卵の時期になると、オスは全体的に黒っぽくなり、腹《はら》がオレンジ色になります。これを「婚姻色《こんいんしょく》」といいます。

清流の女王

「喧嘩魚《けんかうお》」と呼《よ》ばれるアユですが、一方で見た目が美しくきれいな水を好むことから「清流の女王」と呼ばれることもあります。

他にも、「香魚《こうぎょ》（良い香りの魚）」「年魚《ねんぎょ》（1年で一生を終える魚）」「銀口魚《ぎんこうぎょ》（口が銀色に輝《かがや》いて見える魚）」など、いくつもの異名《いみょう》があります。

「夢」か「敵《てき》」を
共有しよう。

メダカ

ダツ目メダカ科

分布 日本全土

体長 約3cm

メダカってすごいよね。いつも群れで仲良く生きてて。※

まぁ、慣れですかねぇ。

ぼくはさ、人に会うのが面倒《めんどう》臭《くさ》いって思う時も結構あるんだよね。

いや、ボクもよくありますよ。ボクたちの群れは「メダカの学校」とか呼《よ》ばれますけど、正直サボりたい日もいっぱいあります。でも生きるためには群れなきゃならない。**メダカの葛藤《かっとう》**です。

うまいこと言うね。

まぁいろいろ思うことはありますけど、結局、群れるほうが生き延《の》びやすいですからね。ヤゴ、タガメ、ゲンゴロウなどに襲《おそ》われたり、カダヤシという外来魚に住む場所を奪《うば》われたりしますし。もはや「メダカの学校」っていうより……

※メダカが生息するのは小川や水路など。大きさが似ているもの同士で群れを作る。

メダカの逆境なんです。

それはあまりうまくないな……カダヤシってどんな魚なの？※1

見た目は**メダカの格好**をしています。ボクたちにそっくりなんです。食べ物も住む環境《かんきょう》もメダカと似ていて、それらを巡《めぐ》ってよく争いになります。※2で、たいていメダカが負けます。

※1　カダヤシは、ボウフラ（カの幼虫）を食べるためアメリカから持ち込まれた外来種。水路などに放流された。「カを絶やす」のでカダヤシ。

ホントに逆境なんだね……。

しかも、メダカの敵《てき》は水中だけじゃないんです。水面からは鳥などにも狙《ねら》われてますし。だからボクたちは、みんなで協力して群れを作って警《けい》戒《かい》してるんです。

でも、群れのほうが見つかりやすいんじゃないの？

もちろんそうですが、見つかっても逃《に》げられる確率が高いんです。相手も狙いを定めにくいですし、何《なん》十《じっ》匹《ぴき》も一《いっ》緒《しょ》にいれば自分が狙われることは少ないですから。ちなみに、群れでいるほうがエサも多くとれるといわれてるんですよ。

そっかぁ。メダカの学校って、ホントに生きるための学校なんだね。そういえば、学級委員的な存《そん》在《ざい》っているの？

ボクのクラス（群れ）は全部で50匹いるんですが、学級委員は……

※2　カダヤシのほうがメダカより攻撃的。カダヤシの放流後、メダカが姿を消し、カダヤシだけが生息する場所が増えてしまった。

50匹《ぴき》です。

全員じゃん！

そうです。危険《きけん》に気づいたメダカが方向転換《ほうこうてんかん》すると、みんなもその動きに合わせます。※　みんなが自主性と協調性を持ってるんです。

お互《たが》い信頼《しんらい》し合ってるんだね。

こうでもしないと、すぐ敵《てき》に襲《おそ》われちゃいますからね。メダカの学校は、敵に対する**メダカの抵抗《ていこう》**でもあるんです。

ふーん……。

メダカの抵抗でもあるんです。

2回言わなくていいから！　いや、気づいてるよ、「メダカの学校」とかけてるんでしょ（あまりかかってないけど）。

でもね、ボクたち、水槽《すいそう》とか狭《せま》い場所では群れないんです。

えっ？　そうなの？

はい、むしろ……

※メダカの群れのリーダーは決まっていない。先頭も入れ替わる。また、水面に近いところは強いメダカが泳ぐ。水面側のほうが、エサをとりやすいからだ。

メダカ同士でケンカします。バッチバチにバトルします。

えええぇ!?

仲間同士で争うその姿《すがた》は、まさに**メダカの発狂《はっきょう》。**

……。

狭《せま》い場所ではボクたち、なわばり争いするんですよ。※

群れと真逆じゃん。

そう。他に敵《てき》がいないからです。

えっ？

狭い水槽《すいそう》にはタガメやカダヤシなどの敵がいません。そうすると、今度はメダカ同士が敵になる。だからなわばりを作って、他のメダカを追い払《はら》うようになるんです。

常に敵が現れるわけね。そういえば、さっきアユ君もなわばりを作るって言ってたよ。

あぁ、そうですよね。でも彼《かれ》らだって子供《こども》の頃《ころ》は……

※繁殖期を迎えたオスは、野生でもなわばりを作る。

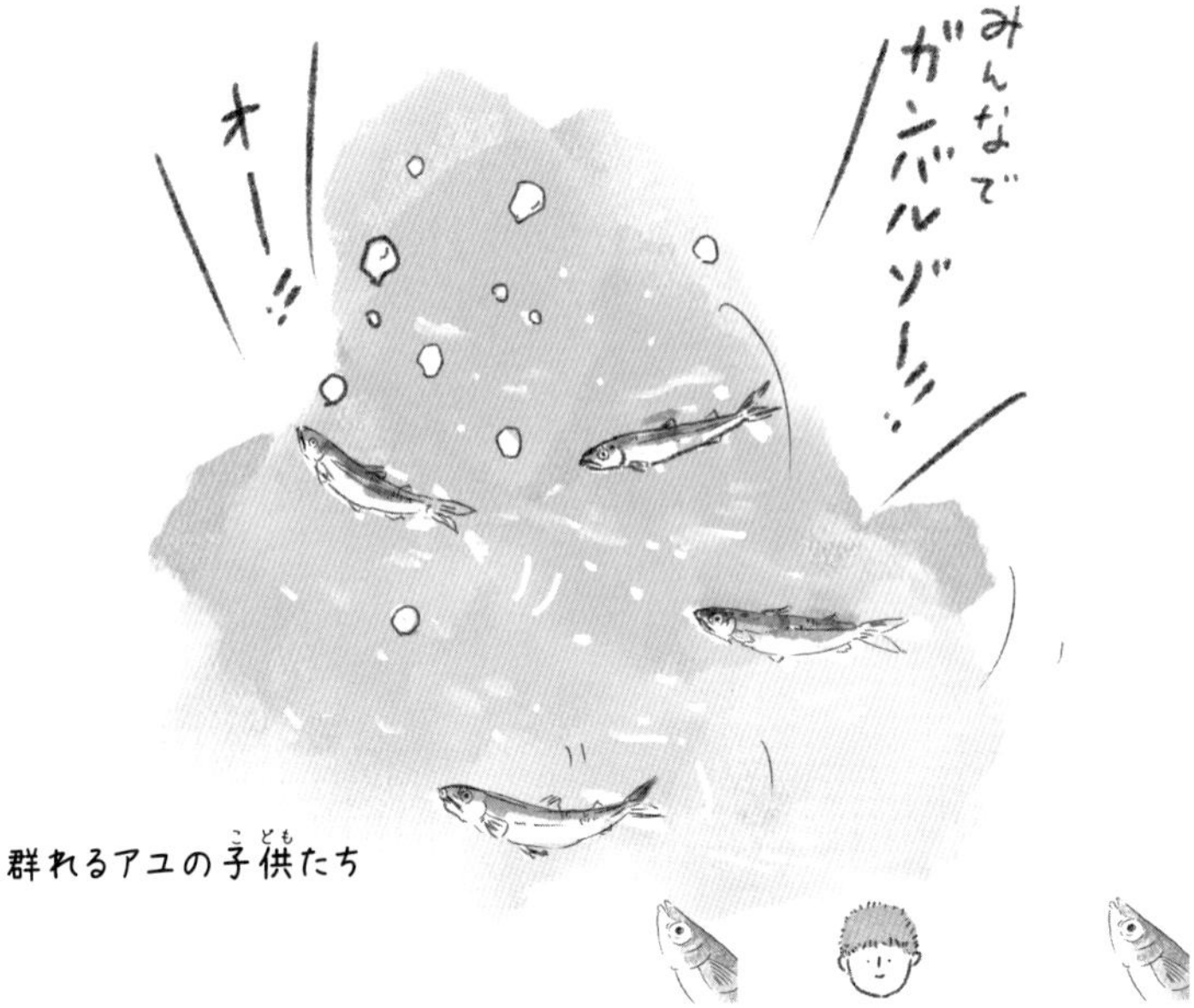

群れるアユの子供《こども》たち

群れで生きてますけどね。

アユがなわばりを作るのは、大人になってからだけですよ。※

そうなの!? なんか魚も協力したり戦ったり大変だなぁ。

みんな生きるのに必死ですからね。ボクたちが協力する理由って、「身を守るため」か「子孫を残すため」、この2つしかないんです。っていうか、**生き物が協力するのは、共通の敵《てき》・共通の夢がある時だけです。** 例えば人間の歴史って、「敵を倒《たお》して目標達成→仲間《なかま》割《わ》れして崩壊《ほうかい》」の繰《く》り返しじゃないですか。それって

※アユは川で生まれてすぐに海へ行き、成長してからまた川へ群れになって戻ってくる。その後、なわばりを作る。

目標を達成すると、共通の敵・共通の夢を失うからなんです。

ふ、深い！

もしキミが友達の発言や行動に違和感《いわかん》を持った時は、共通の敵・共通の夢がちゃんとあるか、見直す時期なのかもしれませんよ。

そこまで深く友達のことを考えたことなかったなぁ。

友達の性格が変わったり、自分自身の考え方が変わったり……生きてると常に何かが少しずつ変化します。**ずっと同じ人と同じ場所で一緒《いっしょ》にいるほうが不自然なんです。**
だから勇気を持って関係をリセットするのもありですよ。これぞ**メダカの刷新。**

「メダカの学校」からかなり遠くなったね……さすがにネタ切れか。

うぅ、こうなったら最後にとっておきの……

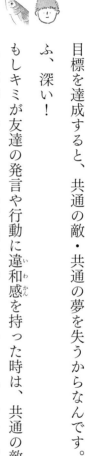

メダカの脱《だっ》走《そう》。

あっ、逃《に》げた！

メダカの教え

生き物が最良な協力関係を築けるのは、共通の敵《てき》・共通の夢を持つ相手とだけです。

「敵の敵は味方」って言葉があるでしょう？　これは生き物の本質を突《つ》いてると思いますよ。

例えばAさんが、ケンカ中のBさんと仲直りしたい時、あえてCさんを批判《ひはん》することでBさんの共感を得て関係を修復する。これも「共通の敵」を使った協力方法の1つです。良いやり方ではないですけどね。以上、メダカの雑考でした。

共通の敵《てき》

君さ もっとあっちで およぎなよ
君こそ あっち いきなよ
ボクが先に いたんだぞ!!
いーやボクだ!!
まあまあ 小さいことで ケンカするなよ
どっちも 食べちゃう ぞ?
共に 生きよう
おう

ジ
あのー…ボクもいっしょに泳いでいい？
まずいヤツつれてきとる…

もしカメ コラム 8

メダカの意外な事実

メダカは日本一小さな淡水魚《たんすいぎょ》。浅くて流れの緩《ゆる》やかな小川、水路、田んぼに生息しています。

メダカは「目高」

目が頭の高い位置にあるのが、「メダカ（目高）」の由来。水面付近にいるミジンコや、水面に落ちてくる獲物《えもの》などに気づきやすい構造をしています。

ちなみに、英語でメダカは「Rice Fish（田んぼにいる魚）」。田んぼは敵《てき》が少なく、稲《いね》についた虫が落ちてきてエサになるため、メダカにとって好環境《こうかんきょう》です。

メダカの眼光

メダカにも種《しゅ》がある

世界に生息するメダカは約37種。日本には、ミナミメダカとキタノメダカが生息しています。日本で多く見られ、一般的《いっぱんてき》に「メダカ」と呼《よ》ばれるのはミナミメダカ。キタノメダカは東北・北陸地方の日本海側に生息しています。

流れに逆らう

メダカは水の流れに逆らって泳ぎます。大きな川や海に出てしまうことがなく、上流から流

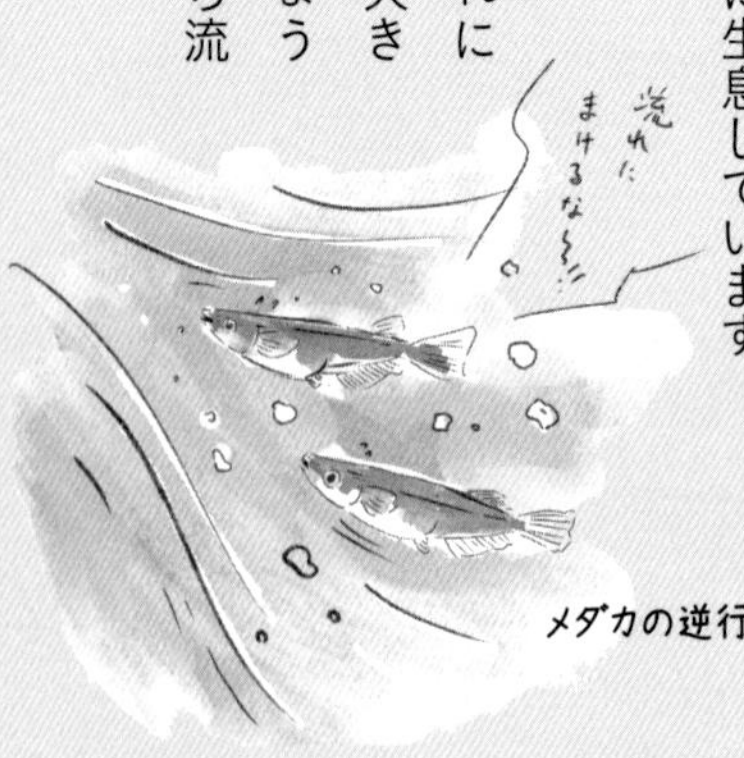

メダカの逆行

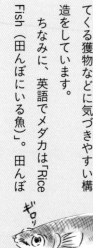

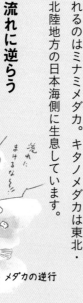

れてくるエサも見つけやすいからです。ちなみに、メダカは数cm程度ならジャンプもできます。

体の色を変えられる

メダカは、体の色を背景《はいけい》の明るさに合わせることができます。うろこにある黒い細胞《さいぼう》（色素《しきそ》胞《ほう》）を伸《の》び縮《ちぢ》みさせることで、黒っぽくなったり白っぽくなったりするのです。これは天敵《てんてき》であるカワセミなどから身を守るためです。

海でも生きられる

メダカは、サンマやトビウオと同じ仲間（ダツ目）。そのため、台風や豪雨《ごうう》で下流に流され海に入っても、川の水が流れ込《こ》んだ沿岸《えんがん》の海であればメダカは平気です。その後、別の川に戻《もど》れば生息域《せいそくいき》を広げられることにもなります。

実は絶滅危惧種《ぜつめつきぐしゅ》

メダカは環境省によって絶滅危惧Ⅱ類に指定されています。メダカの減少には、以下の理由が考えられます。

・カダヤシなどの外来種に生息域を奪《うば》われた。
・農薬によって生殖能力《せいしょくのうりょく》が落ちた。
・田んぼが整備され、出入りできなくなった。

また、「必要な時だけ水を流す」という水管理が一般的になり、メダカが好む「浅くて緩やかな水流のある場所」が激減《げきげん》した。

その他、人為的《じんいてき》に放流された別地域《べつちいき》のメダカとの交雑（遺伝子汚染《いでんしおせん》）も問題となっています。

「自立」とは、
他者とうまく
生きること。

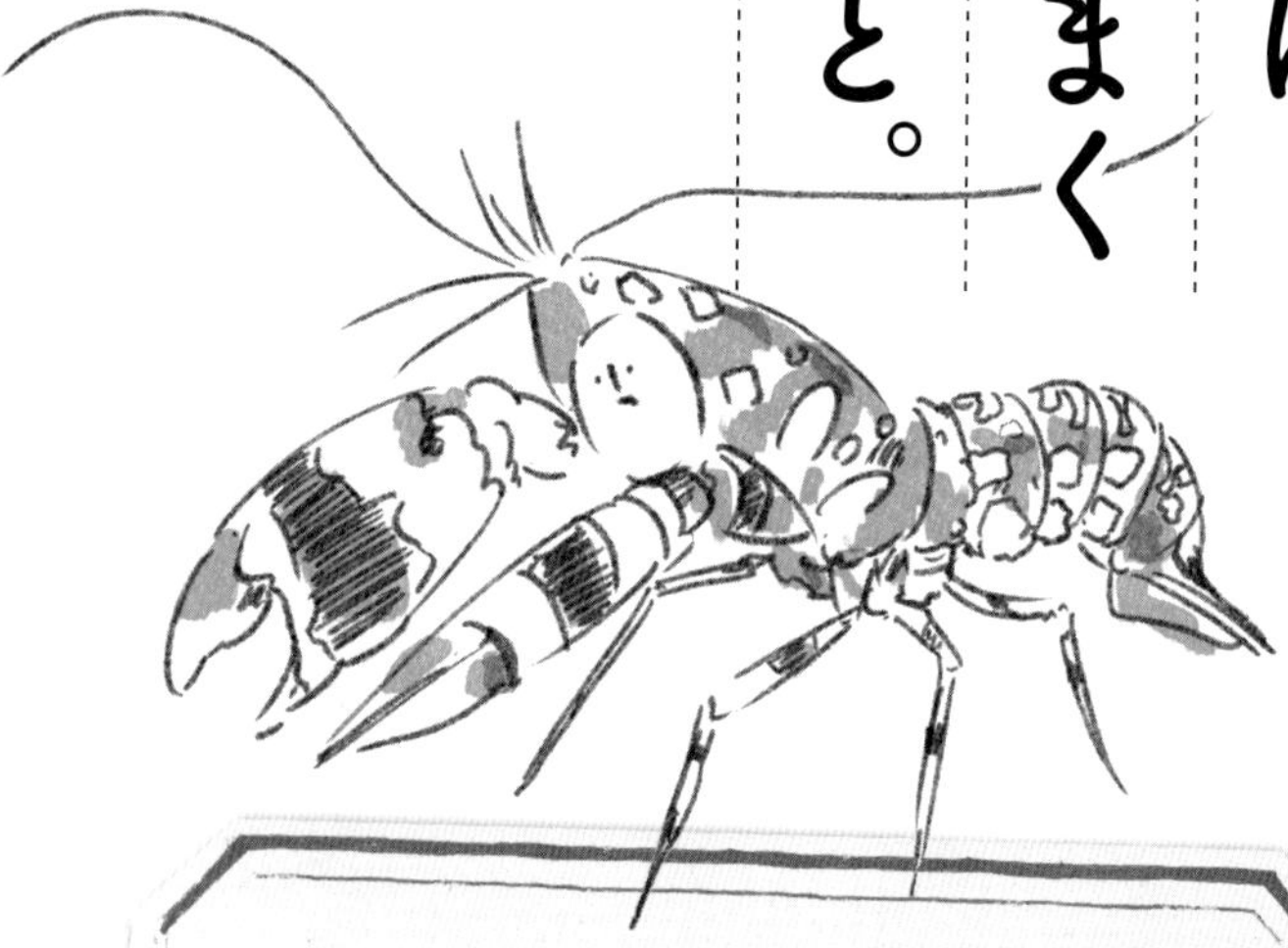

ニシキテッポウエビ

十脚目《じっきゃくもく》テッポウエビ科

分布 日本（伊《い》豆《ず》半《はん》島《とう》以南）、インド太平洋

体長 約4cm

次郎《じろう》君《くん》は自分に自信ある？

えっ？

他の人に対して「なんでできないの？」とか思うことある？

あぁ、それは時々あるかも。

やっぱり自分に自信があるんだ。

まぁ、わりとぼく、なんでもある程度こなせるし。

その感じだと……他の人にイライラしたりしない？

あるある。ぼく、カフェでバイトしてるんだけど、混んできた時とかバイト仲間にイラッとしちゃうよね。それが表情に出ちゃって、ちょっと周りと気まずくなることもあるなぁ。でも、みんな手際《てぎわ》が悪くてさ、自分でやったほうが早いんだもん。

はいきた、この……

勘《かん》違《ちが》い次《じ》郎《ろう》が！

えっ？　いきなり何？

あ、これは「勘違い野郎」と「次郎」をくっつけたギャグで……

いやいやそうじゃなくて、何が勘違いか言ってよ（ジミー君と同じでギャグを説明するタイプ（P58）か）。

まずボクの自《じ》己《こ》紹《しょう》介《かい》していい？

……そういえば名前を聞いてなかったね。

ボクはニシキテッポウエビといって、海で暮《く》らすエビなんだ。これまでこのハサミで、数々の獲物《えもの》を撃《う》ってきたんだよ。※

へぇ、だから「テッポウエビ」っていうんだね。

ボクは普段《ふだん》、パートナーと同棲《どうせい》してるんだ。

人間ならよくあることだよ、男女が一緒《いっしょ》に暮らすのって。

いや違う。ボクは……

※大きいハサミを打ちつけ、鉄砲のように大きな音を出して衝撃波を放つため、「テッポウエビ」という名前がついたといわれている。

ハゼと一緒《いっしょ》に暮《く》らしているんだ。※1

なぜ!?

なぜじゃない、ハゼだよ。

いやそうじゃなくて、「なぜハゼと暮らすの？」って聞いてるの！

あぁそういうことね。そりゃ協力するために決まってるでしょ。ハゼは敵《てき》が近づいてきたら、ボクに教えてくれるんだ。ボク、ほとんど目が見えないからさ。

※1　ダテハゼなどと共生している。

そうなの!? っていうか、ハゼはなんでそんなことしてくれるの？

それはね、ボクが作った巣に、ハゼを住まわせてあげてるからだよ。
その代わり、ボクが巣作りをしている間、ハゼは365度くまなく
警戒《けいかい》してるんだ。※2

5度多いけどね……でもなるほど、つまり分担《ぶんたん》して生きてるんだ。
警備役と巣作り役、二人で一人前みたいな。

おいおい勘違《かんちが》い次郎《じろう》。

な、なんだよ、また。

生物的視点《せいぶつてきしてん》で見ると、キミこそ半人前、いや……

※2　ニシキテッポウエビは巣を掘っている間も、2本の長い触角を常にハゼの体にくっつけている。ハゼは危険を察知すると体を動かしてニシキテッポウエビに伝える。

半《はん》次《じ》郎《ろう》だよ！

なんでも「次郎」つければいいと思ってるでしょ……。

キミは「一人で生きられる＝一人前」だと勘《かん》違《ちが》いしている。その発想は10段《だん》階《かい》評《ひょう》価《か》でいうと0だ。

11段階評価になってるよ……っていうか「一人で生きられる＝一人前」でしょ！

それが一人前だという**エビ**デンス※はあるんですか？

……。

これは「エビ」と「エビデンス」をかけ……

いや、気づいてるから！　普通《ふつう》に考えて、だれにも頼《たよ》らずに生きていけるようになることが一人前の証でしょ。

あぁダメダメ。ホント**勘違い半次郎**だなぁ、キミは。

……（長くなってる）。

これからボクの話すことを聞いたら、キミの人生観が360度変わるはずだよ。

それじゃあ1周回って変わってないよ！　180度でしょ！

そうそう、180度。生き物はね……

※Evidence（証拠）

「みんなとうまく生きる＝一人前」なんだよ。

……（仲間が増えてる）。※

他人にイラつき、気まずい関係になってしまうキミは、まだまだ半人前。

「自分一人でやる能力」と同じくらい、「他人とうまくやる能力」って大切なんだよ。キミみたいなタイプは、口では「なんでも自分で抱《かか》え込《こ》むのが短所」とか言いながら、心の中ではそれが長所だと思ってるでしょ？

※ニシキテッポウエビのペアとダテハゼのペアが、1つの巣に共生することもある。さらにハナハゼのペアも加わり、6匹で共生することもある。ちなみに、ハナハゼに何か役割があるのかは不明。

うっ……。

でもね、自分一人で抱え込むより、みんなでリスクを分け合うほうが生き残りやすいんだよ。ほら、メダカ君なんかいい例でしょ。

なるほどね（なわばり争いもしてたけど……）。

生き物の一生って、**「自力で生きる才能」より「助けを借りる才能」のほうが必要**なシーンが多いからね。バイトでも周りの人に仕事を任せるのがうまい人とか、大学でもテスト前にノートを借りるのが上手な人っているでしょ？　ああいう人って、社会に出てもうまく生き抜《ぬ》いていくもんだよ。

確かに……まぁ、そういう点ではくやしいけど、ぼくはまだ半次郎《はんじろう》なのかもしれないな。認《みと》めるよ。

じゃあ……

ここで一緒《いっしょ》に住む?

ボクたちの暮《く》らしを見習えば、すぐに半次郎《はんじろう》から全次郎になれるよ。

遠慮《えんりょ》します……名前変わっちゃってるし。

ニシキテッポウエビの教え

「一人前の大人」ってたぶん、**「一人でなんでもできる人」**じゃなくて、**「他人とうまく生きていける人」のことなんだ。**だから、相手に対して「なんでやってくれないんだ？」「どうしてそんなことするんだ？」とぶつかってしまうのは、もしかしたら自分がまだ半人前ってことなのかもしれないね。

それとね、**楽しそうに生きてる人には必ず、信《しん》頼《らい》できるパートナーがいるものだよ。**

エビハゼ物語

ねーハゼくん ボクと君が 手をくんだら
いい巣が できると 思うんだ
たしかに、 いいね、
おーい オレたちも 仲間にいれて くれよ
いいよー!
ボクらも
いいよ いいよー!!
そんなことが 何度も つづき…
一つの国が できたとか…

いい国旗
できたね！
なかよしの
しょうちょうだ

もしカメ コラム 9

水辺の共生

水辺には、ニシキテッポウエビとハゼの他にも共生する生き物がいます。

イソギンチャクとクマノミ

イソギンチャクの仲間には、触手《しょくしゅ》に毒針《どくばり》を発射《はっしゃ》する器官（刺胞《しほう》）がたくさんあります。これを使って身を守ったり、獲《え》物《もの》をつかまえたりするのですが、クマノミの仲間

に対しては毒針を発射しません。これは、クマノミが粘液《ねんえき》を出してイソギンチャクに毒針を出させないようにしているからです。そのため、クマノミはイソギンチャクの触手の間を泳いでいれば、敵《てき》から身を守ることができます。

代わりにクマノミは、イソギンチャクの触手を食べようとする魚などを追い払《はら》います。つまり、イソギンチャクとクマノミは、お互《たが》いに守り合う共存関係《きょうぞんかんけい》を築いているのです。これを相《そう》利共生《りきょうせい》（両方が得をする共生）といいます。

ヤドカリとイソギンチャク

ヤドカリの仲間には、イソギンチャクの仲間を貝殻《かいがら》につけて身を守る種がいます。そうすればタコなどの敵も、イソギンチャクの毒を恐《おそ》れ

て襲《おそ》ってこないからです。

代わりにイソギンチャクは、ヤドカリがエサを食べる時に舞《ま》い上がったカスを食べることができます。「守る⇅エサをもらう」という相利共生の関係です。

ちなみに、カニの仲間にもイソギンチャクをハサミにつけて共生する種がいます。

ホンソメワケベラとウツボ

「掃除魚《そうじうお》」と呼《よ》ばれるホンソメワケベラは、ウツボの体や口についた寄生虫や食べカスを食べます。

ウツボはホンソメワケ

ベラが口の中に入ってきても、掃除をしてもらうため食べようとはしません。これも「エサをもらう⇅掃除をしてもらう」という相利共生の関係です。

ちなみに、ホンソメワケベラはウツボ以外の生き物の体も掃除します。

ナマコとカクレウオ

カクレウオの隠《かく》れ場所は、なんとナマコの肛《こう》門《もん》。細長い体を活かして肛門からナマコの体内に入り込《こ》み、消化管の中に身を隠します。

この関係は片利共生《へんりきょうせい》（片方《かたほう》だけが得をする共生）といいます。

「無償《む しょう》の愛」で
消耗《しょう もう》しないでね。

アイガモ

カモ目カモ科

分布 世界中で家禽《かきん》やペットとして飼育

全長[※1] 約60cm

※1　体をまっすぐに伸《の》ばした時の、くちばしの先から尾羽《おばね》の端《はし》までの長さ。

あ、アイガモだ。※2

よく知ってるわね、そう、ワタシはアイガモよ。

友達の女の子に鳥好きがいて、田んぼを泳いでるアイガモの動画を見せてもらったことがあるんだ。※3

あら、そんな子がいるなんて、すごくうれしいカモ。その子、彼女《かのじょ》？

別に付き合ってないよ！　友達！　ただの友達！

いいわねぇ、若《わか》いって。可能性が無限に広がってて、青春カモ。

……カモさんの世界は田んぼに限定されてて、なんかちょっとかわいそうにも感じるよ。

いや、ワタシはそこまでつらいと思ってないカモ。

そうなの？　逃《に》げちゃおうとか思わないの？

思わないわ。っていうかそもそも……

※2　アイガモはアヒルと野生のマガモをかけあわせた品種。ちなみに、アヒルはマガモを品種改良したもの。漢字では「家鴨《あひる》」。

※3　アイガモは春に田んぼに放たれ、草、虫、人間が与えるエサを食べて成長する。

逃《に》げられないの。羽が小さくて飛べないから。

知らなかった！

でもね、飛べたとしても、逃げないカモ。だって、田んぼにいれば
草や虫が食べ放題だからね。

	アイガモ		農家
A	草や虫をたくさん食べられる	→	雑草や害虫が減る
B	楽しく泳ぎ回れる	→	水が濁《にご》り雑草の光合成を抑《よく》制《せい》できる
		→	土が混ざり稲《いね》の根に酸素が届《とど》いて元気に育つ
C	ウンチし放題	→	フンが稲の肥料になる

なるほど、田んぼはカモさんにとって好都合なんだ。

そう！　そこがポイントよ次《じ》郎《ろう》君《くん》。ワタシは無《む》償《しょう》で働いてるわけじゃないの。自分に得があるから、農家の人と協力して暮《く》らしてるの。ということで、上の図を見てもらうと分かりやすいカモ。

……（A以外は野《や》生《せい》環《かん》境《きょう》と同じでは）。

次郎君が言いたいことは分かるわ、こう思ってるんでしょ……

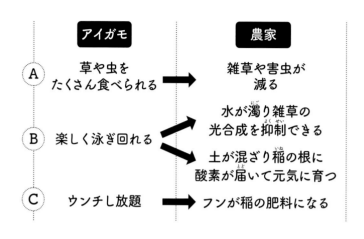

「楽園じゃん」って。そう、人間の田園はワタシにとって楽園カモ！

まぁ……カモさんが幸せならそれでいいと思う。

ここだけの話……

？

田んぼの中でするウンチ、最高に気持ち良いわよ。

お米を食べるぼくにそれ言うのやめて！

し**カモ！**それが稲《いね》の肥料になるなんて、なんかコウ**フン**しちゃうわよね！

……。

ごめんなさいね、つい調子に乗っちゃって。話がそれちゃったけど、ワタシが伝えたいのはね、だれかと関係を築く時は、「相手に得があるか」はもちろん、「自分に得があるか」を必ず考えておきなさいってこと。**「無償《むしょう》の愛」なんて絶対ダメよ。**

急にシビアなことを言うね。

だって「無償の愛」なんて……

カモにされてるだけじゃない。しカモ！　結果的には相手のためにもならないのよ。

どういうこと？

だって、続かないじゃない。

？

例えば、次郎《じろう》君《くん》が無償《むしょう》で友達の宿題を手伝ってあげたとするわね。

あぁ、そういえばこの前、秋山君の前期のレポート課題を手伝ってあげたよ。

後期にまた秋山君から同じことを頼《たの》まれたら、たぶんこんな気持ちがわいてくるわ。「また手伝うの？」って。で、手伝い終わって自分に何も得がないと、こんな気持ちになるの。「手伝ってあげたのに」って。最初はただの善意《ぜんい》で手伝ってたとしても、だんだん欲《よく》が生まれてイヤになってきちゃうのよね。

うわぁ、分かるわぁ！　前期の時点ですでにちょっと思ったから。

全ての生き物は、見返りを求める本能があるの。
だから、相手のためだけになる無償の関係はダメよ。
自分に得がないと、長く続かないから。

なんか深い。

別に物質的な得じゃなくてもいいのよ。「相手の笑う顔が見たい」とか「『ありがとう』って感謝されるのがうれしい」とか、精神的に満足できることがあればなんでもいいんだから。

何が得かは、人それぞれだもんね。相手のことだけを考えるんじゃなくて、自分の得もしっかり考えて長期的な関係を築くってことか。

そう。ちゃんとお互《たが》いの得を考えること。それが本当の……

ア・イ・カ・モ。

真顔でダジャレかい！

それは違《ちが》うわ！

？

マガモじゃないわよ、アイガモよ。

……会話にならんカモ。

ということでワタシは農家の人と良好な関係を……

ぼくの「カモ」は無視《むし》!?

冗談《じょうだん》よ、本当はうれしいわ、同じギャグを使ってくれて。無視したのは照れ隠《かく》しよ、カモフラージュ。

……「カモ」のバリエーションがすごいね。1つ疑問《ぎもん》があるんだけど聞いていいかな？

なぁに？

なんで稲《いね》を食べようって思わないの？　雑草は食べるのに。

食べたくても食べられないのよ。稲が実る前に、田んぼから出されるから。

えっ！　じゃあその後は？

そんなの決まってるじゃない……

食べられるのよ。※

……結局カモにされてる気がするんだけど。

いいのよ、農家の人に喜んでもらえれば。

それって無償《むしょう》の愛だと思う！

※稲が実る前に田んぼから出されたアイガモは、別の場所で育てられ、最終的に食肉となる。

アイガモの教え

無償の行動って、続けにくいから気をつけてね。最初は善意《ぜんい》でやってても、だんだん「やってあげてるのに」って感情がわいてくるから。それで結局、お互《たが》いに不満を持っちゃうことが多いから。

自分のためにやることが、結果的に相手のためにもなる、という関係が理想的なのカモ。

それならありカモ

アイガモさん なんか 一発ギャグ やってよ
えっ…やだよ なんで急に…
ちょっとヘコ おちこんでてさ わらいたいんだ ……
え——……
プイッ
ムリムリ はずかしいカモ
ちぇー
やってくれたら 食べものたくさん あるとこ おしえたのに……
まって
交渉… 成立カモ

ある日
カモがおこって
さけんだんだ
なんてさけんだ
かって？
「バッカモーン！」
ってカモだけに…
ハハハ…
なんて…どう？
いいい…

もしカメ コラム 10

水辺の鳥

「川」「池」「田んぼ」と聞いて、鳥をイメージする人は少ないかもしれません。しかし、日本の水辺にはさまざまな鳥が生息しています。ここではその一部を紹介《しょうかい》します。

清流の宝石《ほうせき》・カワセミ

鮮《あざ》やかな青い背中《せなか》とオレンジの腹《はら》を持つことから、「清流の宝石」「飛ぶ宝石」などと呼《よ》ばれるカワセミ。獲物《えもの》に狙《ねら》いを定めると、一直線に水中へ飛び込《こ》んで魚などをとらえます。そのため、カワセミは英語で「Kingfisher（魚《さかな》獲《と》りの王様）」といいます。

ちなみに、オスは求愛する際、とらえた獲物をメスにプレゼントします。

泳ぎ上手・カイツブリ

川や湖はもちろん、都会の公園の池でも見ることができるカイツブリ。水草の茎《くき》などを支えにして、草を集めて水面に巣（浮巣《うきす》）を作ります。また、あしの指にヒレがあり、泳ぎ

がうまく、水中に潜《もぐ》って魚や水中にいる昆虫《こんちゅう》をとらえます。

ちなみに、水面を泳ぐ鳥が沈《しず》まないのは、羽毛に脂《あぶら》が塗《ぬ》ってあるから。尾羽《おばね》の付け根から分《ぶん》泌《ぴつ》される脂を、くちばしを使って羽毛に塗り、水をはじきやすく、内側に空気をためやすくしています。

オスが派手《はで》・オシドリ

オシドリは、オスが美しく派手な羽毛を持ち、メスは地味な色をしています。繁殖期《はんしょくき》になると、池や沼《ぬま》などでオスがメスに美しい羽毛をアピールし、交尾《こうび》を終えると森や林の木に巣を作ります。

ちなみに、仲のいい夫婦を「おしどり夫婦」といいますが、オシドリは毎年新しい相手と交尾します。また、オスは全く子育てをしません。

特別天然記念物・トキ

江戸時代《えどじだい》には、日本全国に生息していたトキ。田んぼや水路にいるカエル、タニシ、サワガニなどを食べ、巣は森の中に作ります。現在、日本の野生のトキは絶滅《ぜつめつ》してしまいましたが、中国のトキを繁殖させ、佐渡島《さどがしま》（新潟県《にいがたけん》）で放鳥しています（中国のトキと日本のトキは、遺伝《いでん》子《し》にほとんど違《ちが》いがないことが分かっています）。

ちなみに、トキはペリカン目に分類されます。また、学名は「Nipponia nippon（ニッポニア・ニッポン）」です。

攻《せ》められる時って、
成長する時。

ニホンザリガニ

十脚目《じっきゃくもく》アメリカザリガニ科

分布 日本（北海道、青森県、岩手県、秋田県）

体長 約5cm

あっ、ザリガニだ！　でも色があまり赤くないなぁ。

ワタシはニホンザリガニ。体が暗い茶色なの。※1

そんなザリガニがいるんだ。

日本に昔から住んでるザリガニは、ワタシたちニホンザリガニなの。
アメリカザリガニが一番有名だけど、彼《かれ》らはもともと北アメリカに
住んでたザリガニよ。つまり外来種ね。※2

そっか。「アメリカ」ってついてるもんね。

ちなみに今、日本に何種類のザリガニがいるか知ってる？

えっ、知らない。

答えはね……

※1　ちなみに、小さなアメリカザリガニも赤ではなく暗い茶色をしている。

※2　アメリカザリガニは昔、食用ウシガエルを育てるために、ウシガエルのエサとしてアメリカから日本に取り寄せられた。

3種よ。

2種に見えるよ、ハサミのせいで。

3種よ。それぞれ名前はニホンザリガニ、アメリカザリガニ、ウチダザリガニ。

ウチダザリガニ？　日本人の名《みょう》字《じ》みたい。

もともとは北アメリカのザリガニだけどね。

なのにウチダ？

動物学者・内田亨《とおる》教授がこのザリガニの調査に大きく貢献《こうけん》した

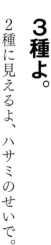

ことから、「ウチダザリガニ」って名付けられたの。でも外来種だからね。日本の固有種はワタシたちニホンザリガニだけ。

……そうなんだ（誤《ご》解《かい》する人、多いだろうなぁ）。

どう？　面白いでしょ？　ワタシはザリガニのことをみんなに知ってもらいたくて、こうやってザリ学を紹《しょう》介《かい》して回ってるの。

ザリ学？

ザリガニの雑学よ。

……そうなんだ。とは言っても、ザリガニについて知りたいって思うこと、そんなにないからなぁ。

……やる気を失うようなこと言うわね。でも、このザリ学を聞いたらアナタも興味がわくはずよ。いくわよ！

ザリガニはカニじゃない

見た目の通り、エビの仲間よ！

ニホンザリガニはただの「ザリガニ」と呼《よ》ばれていた

アメリカザリガニやウチダザリガニといった外来種が入ってきて、区別するために「ニホンザリガニ」と呼ばれるようになったのよ。

ハサミはとれても再生する

あしやハサミがとれても、何回か脱皮《だっぴ》すると再生するわよ。

アメリカザリガニは色が変わる

カロテンが含《ふく》まれない食べ物（サバなど）ばかりを与えると、だんだんと色が青、白へと変わっていくわ。

174ページのコラムで詳《くわ》しく紹介《しょうかい》してるものもあるわよ！

ハサミを自分でとることもある

敵《てき》や他のザリガニと争っている時、ハサミやあしを自分で切り離《はな》して逃《に》げることもあるの。

英語では「Crayfish」

日本語ではザリガニ、英語ではCrayfish（Crawfishとも書く）。まぎらわしいわね。

胃《い》の中に石を作る

胃の中にカルシウムの石を作っておいて、脱皮後にそれを溶《と》かして新しい殻《から》を硬《かた》くするの。

昔は薬として使われていた

江戸時代《えどじだい》、日本に西洋医学を紹介したオランダの医師・シーボルトもザリガニを薬だと考えていたの。彼《かれ》が日本からオランダに送ったニホンザリガニの標本は、今でもオランダの博物館に保管されてるわよ。ちなみに、現在はザリガニに薬としての効き目はないと考えられてるけどね。

ハサミはあし

大きいハサミは「第一胸脚《だいいちきょうきゃく》」と呼ばれているわよ。つまり、あしなの。

胃の中に歯がある

獲物《えもの》を食べる時は、大あごで噛《か》み砕《くだ》いた後、胃の中の歯でさらに細かく砕くのよ。

どう？　知らないことばかりでしょ？

そうだね。ただ、「へぇ」って思うけどちょっとマニアックなんだよなぁ。「ザリ学」って名前もなんか惜《お》しい感じだし。みんなに広めるのは、なかなか難《むずか》しいと思うよ。

はぁ……いるいる。

えっ？

そうやってがんばってる相手を否定《ひてい》したり、見下したり、足を引っ張るヤツ、いるわよねぇ。ついでにもう1つ、ザリ学を教えてあげる。ザリガニは脱皮《だっぴ》の時、他のザリガニに襲《おそ》われやすいの。※1 体が柔《やわ》らかくて、すごく無防備だから。※2

……それが？

つまりね、**成長する時って周りから**

※1　ザリガニは脱皮の時にしか体が大きくならない。つまり、段階的に大きくなる。

攻《せ》められやすいの。人間もそうでしょ？　挑戦《ちょうせん》してる人って、批判《ひはん》の的《まと》になったりするし。ワタシは今、「ザリ学を広める」という夢に挑戦してるの。だからいろいろ批判もされるわ、アナタみたいな何も挑戦しない人にね！

うぅ……（ひゅぽ）。イラッとするけどなんか深い！

ワタシはね「あいつ何がんばっちゃってんの」っていう**批判、ひがみ、圧力を乗り越《こ》えた時、殻《から》を破って一回《ひとまわ》り大きくなれると思うの。**

だから批判になんか屈《くつ》しない！

……そうだよね。君《きみ》のがんばりを知らないのに、頭ごなしに否定するのは悪かったよ。ごめん、さっきはあんなことを言って。

あともう1つ、アナタに言いたいことがある。

何？

※2　ザリガニは脱皮の途中や脱皮後のまだ殻が柔らかい時に、他のザリガニに食べられてしまうことがある。

「ザリ学」を
「惜《お》しい」とか言うな！

うわっ、涙《なみだ》が飛んできた！

涙じゃないわ、
おしっこよ。※

これも「ザリ学」ね。

うわぁぁぁ～！

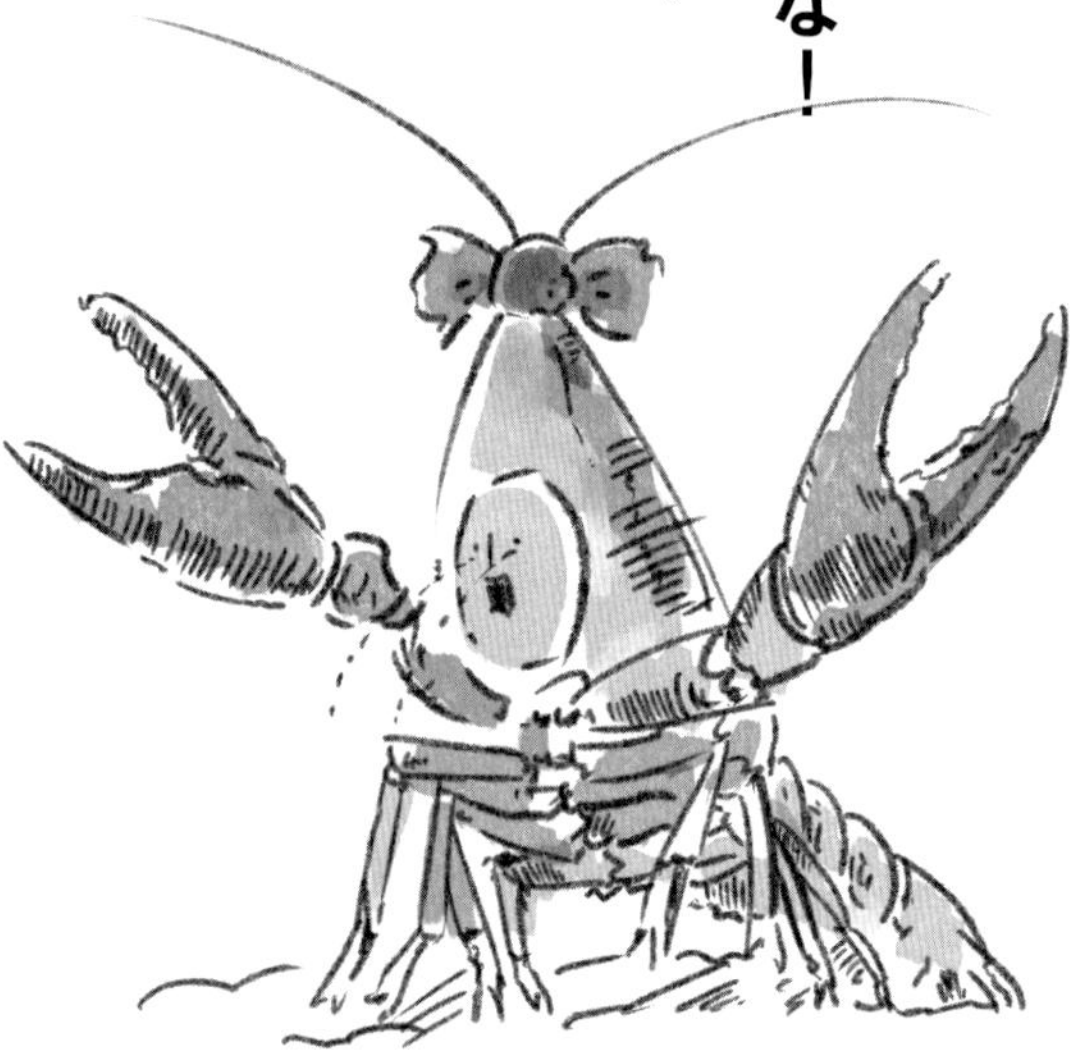

※ザリガニの尿が出る部分は目の下にある。つまり、泣いているように見えるが実は尿。

ニホンザリガニの教え

何かに挑戦《ちょうせん》すれば、必ず批判《ひはん》されるもの。でも、批判ばかりする人って、たいてい何も挑戦してない人だから、気にしちゃダメ。「成功して見返してやる」ぐらいの気持ちでがんばるのよ！　**理不尽《りふじん》に批判されるのは、前に進んでる証だから。**

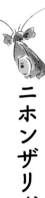

批《ひ》判《はん》は燃料

ねーねー 私のザリ学についてきかない？
なんだそれ
バカバカしい
あんな言葉気にしないで
ね…
いや…
へいきよ
むしろ
もえてるわ

そこのあなた
ザリガクについて
学ばない？
イモリにも
おしえにきた!!

もしカメ コラム 11

ザリガニの意外な事実

ザリガニは、カニやエビと同じ節足動物です。世界では、約550種のザリガニが確認《かくにん》されています。

ザリガニはカニ？ エビ？

ザリガニはエビの仲間です。一番分かりやすい違《ちが》いは、ハサミの数。カニの仲間の多くは、ハサミが大きな2つしかありません。しかし、エビの仲間にはさらに多くのハサミがあります。ザリガニのハサミの数は、大きいハサミも含《ふく》めて6つです。

約100年前は珍《めずら》しい生き物だった？

日本にいるザリガニ3種の中で、昔から日本にいるのは北海道や東北に生息するニホンザリガニだけ。アメリカザリガニ、ウチダザリガニは大正・昭和以降《いこう》にアメリカから輸入された外来種です。つまり、約100年前は東京などの川にザリガニはいなかったことになります。

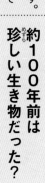

脱皮《だっぴ》で再生

ザリガニは脱皮を重ねて成長します。もしハサミやあしを失っても、脱皮を数回重ねることで同じくらいの大きさに再生します。ただし、体全体の成長は鈍《にぶ》くなります。

また、敵《てき》と争う際、ヤドカリ（P99）のようにハサミやあしを自《じ》切《せつ》して逃《に》げることもあります。

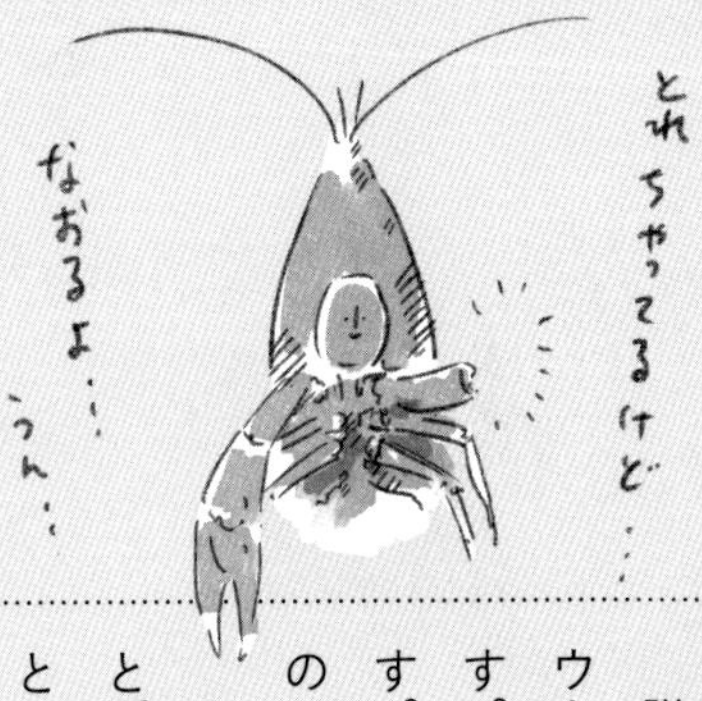

胃《い》の中に歯がある

ザリガニは大あごで獲物《えもの》を噛《か》み砕《くだ》き、口の中に入れます。その後、胃の中にある石灰質《せっかいしつ》の歯（胃歯《いし》）でさらに細かく砕き、消化を促《うなが》します。

胃の中に石を作る

脱皮の時期が近づくと、古い殻《から》にあるカルシウムを胃の中に取り込《こ》み、石（胃石《いせき》）を作ります。脱皮が終わると、数日で胃石はなくなります。胃石を新しい殻に補給《ほきゅう》して、殻を硬《かた》くするのに役立てているのです。

ちなみに江戸時代《えどじだい》、胃石は「オクリカンキリ」と呼《よ》ばれ、肺病《はいびょう》などの薬として重宝《ちょうほう》されていたという記録もあります。

大正時代にはスープの中に

大正天皇《たいしょうてんのう》が即位《そくい》する晩餐会《ばんさんかい》で、北海道産のニホンザリガニがクリームポタージュの食材として使われたという記録が残っています。

「無知」は時に、
相手を傷《きず》つける
ムチとなる〜。

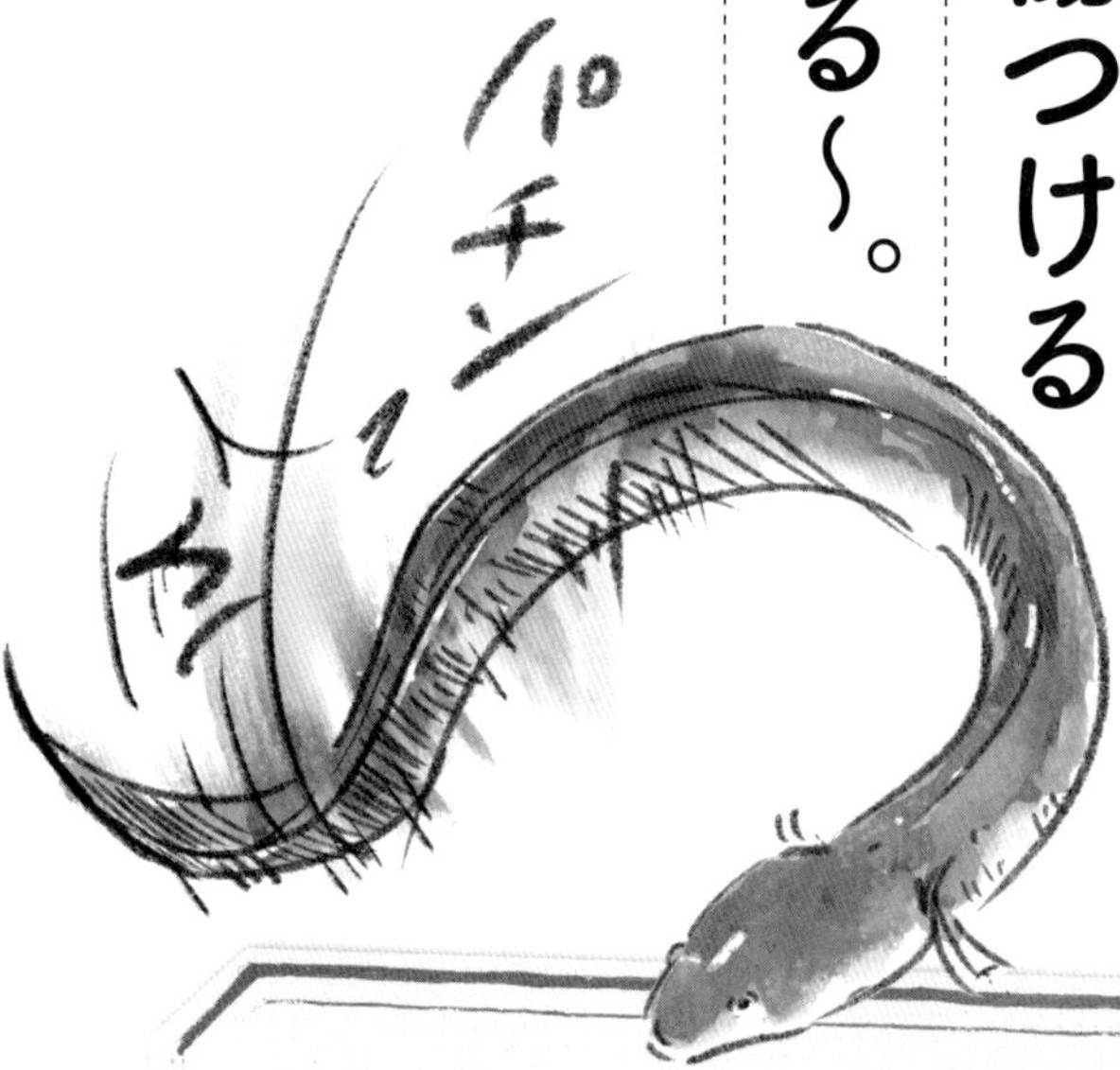

ニホンウナギ

ウナギ目ウナギ科

分布 日本、中国、台湾《たいわん》、朝鮮半島《ちょうせんはんとう》、フィリピン

全長※1 30〜100㎝（成魚）

※1　頭の先から尾《お》ビレの先までの長さ。

キミさぁ〜、うな丼《どん》って好き〜？

えっ、あっ、うん、好きだよ。君《きみ》、おいしいからさ。

じゃあさぁ〜、ボクが絶《ぜつ》滅《めつ》危《き》惧《ぐ》種《しゅ》だって知ってる〜？

えっ、そうなの!?

キミたち、絶滅危惧種を食べてるんだよぉ〜。

知らなかった。

あとさぁ〜、ボクが生まれる場所、知ってる〜？

えっ？　川じゃないの？　あっ、ウナギといえば……

浜名湖《はまなこ》※2って言おうとしたでしょ〜？

違《ちが》うの？

違うよ〜。ボクは……

※2　浜名湖（静岡県）はウナギの養殖地として有名。100年以上前から養殖が行われている。

海で生まれるんだ〜。

日本から約2400㎞も遠くにあるマリアナ諸島《しょとう》※1の辺りでね。そのあと成長しながら日本にやってくるんだ〜。※2

えぇぇぇ！　意外過ぎる……っていうか「ウナギ＝養殖《ようしょく》」ってイメージが強くてどこで生まれるかとか考えたこともなかったよ。※3　あっ、でも養殖のウナギは浜名湖《はまなこ》とかで生まれてるんでしょ？

違《ちが》うよ、海だよ〜。人間は海か

※1　マリアナ諸島は、グアムやサイパンを含む島々の呼び名。

※2　マリアナ諸島で生まれたニホンウナギは、日本以外にも中国、台湾、韓国などの川へと泳いでいく。

ら泳いできた子供《こども》のウナギをつかまえて、それを養殖してるんだ～。

えぇぇぇ！　それでも養殖っていうんだね。初めて知ったよ。

ここ何年かは養殖ウナギも天然ウナギもどんどん減ってきちゃってるんだ～。

全然知らずに食べてたよ……。

ホント何も知らないんだね～。

（ひゅぽ）

身近な存在《そんざい》のことは、ちゃんと知っておくべきだよ～。ボク以外にも、キミが知らないところで大変な思いをしてる生き物はいっぱいいるんだから。復習も兼《か》ねて列挙するよ～！

※3　ウナギは、泥の中から自然に生まれてくると思われていた時代もあった。表面がヌルヌルしているため、「山芋《やまいも》がウナギになる」という言い伝えや、「山の芋鰻《うなぎ》になる（起こりえないことが時には起こる、という意味）」ということわざもある。

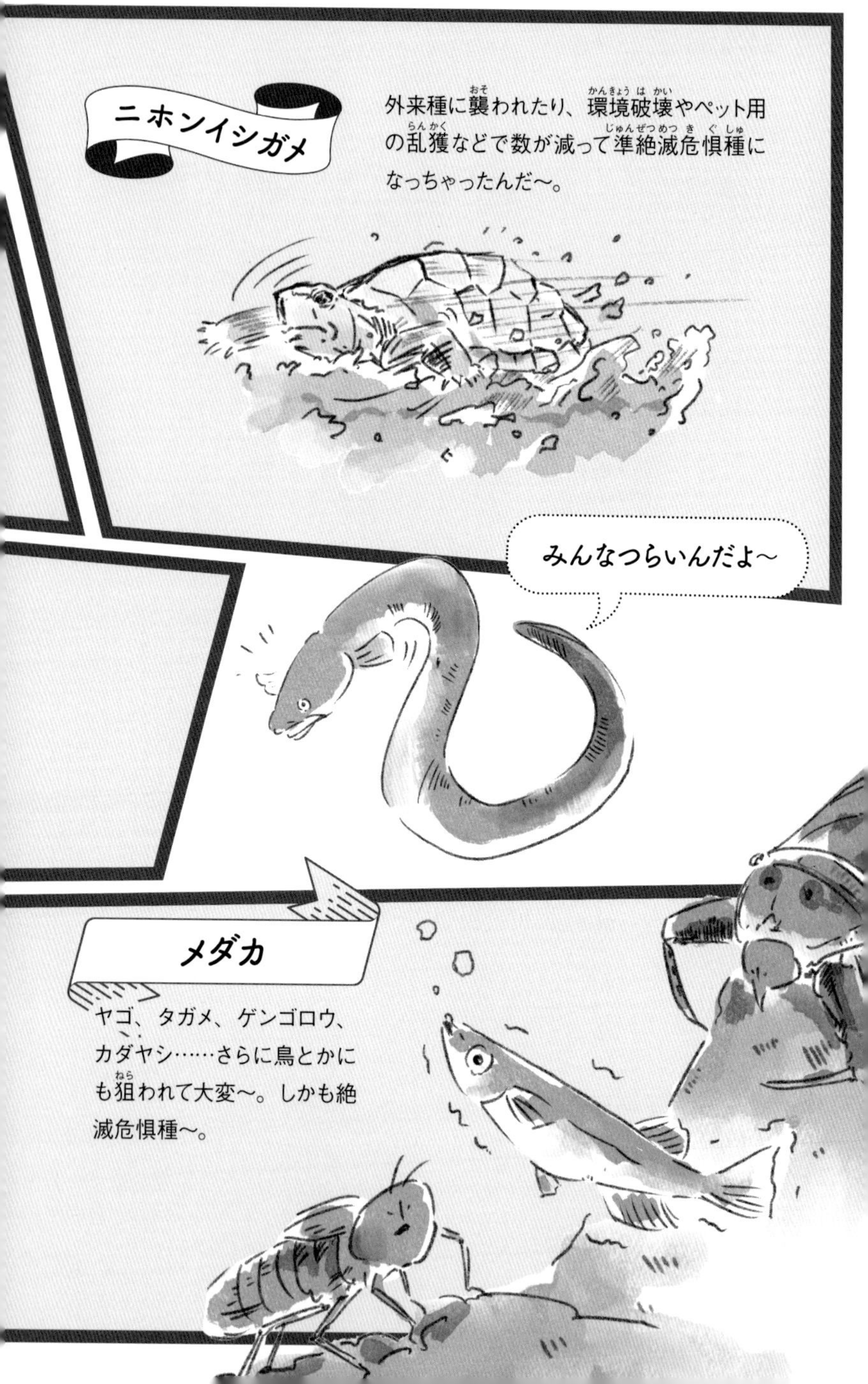
ニホンイシガメ
外来種に襲《おそ》われたり、環境《かんきょう》破《は》壊《かい》やペット用の乱《らん》獲《かく》などで数が減って準《じゅん》絶《ぜつ》滅《めつ》危《き》惧《ぐ》種《しゅ》になっちゃったんだ～。
みんなつらいんだよ～
メダカ
ヤゴ、タガメ、ゲンゴロウ、カダヤシ……さらに鳥とかにも狙《ねら》われて大変～。しかも絶滅危惧種～。

ニホンザリガニ

ニホンイシガメ同様、外来種や環境破壊などの影響《えいきょう》で数が減っちゃったんだ～。実は絶滅危惧種なんだよ～。

アイガモ

最後は食べられちゃうアイガモ、なんだか切ないよね～。

ウーパールーパー

ペットのウーパールーパーはたくさんいるけど、自然環境にいるウーパールーパーは絶滅危惧種なんだ～。

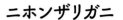

ウーパールーパーだけ、なんかお気楽に見えたけどね……。

いやいや、表面上はそう見えるだけで、みんな小さな体の中に、大きな「つらい」を抱《かか》えてるんだよ〜。

命の数だけ「つらい」があるってことかぁ。

そうそう。だからまずは相手をよく知ることが大切だよ〜。**無知は時に相手を傷《きず》つけるから。**キミが何も知らずに絶《ぜつ》滅《めつ》危《き》惧《ぐ》種《しゅ》のウナギをパクパク食べてたようにね〜。

（ひゅぽ）確かに人間同士でもよくある話だよなぁ。この前、春野君が軽いノリでぼくに「オマエ、足短いな」って言ったんだけど、ぼくはそれをずっと引きずってたりするし。

でも、キミだって無意識にだれかを傷つけてるんだよ〜。人間は自分が傷ついたことだけ覚えていて、相手を傷つけたことって案外覚えてないから。**人って傷つかないと**

※1　物事が急上昇することを「鰻登《うなぎのぼ》り」という。その語源は「ウナギをつかもうとすると、スルスルと上に逃げていく」「海で生まれたウナギが、やがて川を登っていく」など諸説ある。

気《き》遣《づか》えないんだよね〜。

なんか深い……相手を知るって大切なんだなぁ。

うんうん。それに気づけたことが一番重要だよ〜。全部理解はできなくても、相手を「知ろう」「考えよう」「気遣おう」って気持ちがあれば、キミの評判はうなぎのぼり〜〜〜〜〜。※1

……（優《ゆう》遇《ぐう》城《じょう》の生き物、ダジャレ多過ぎ）。

ウナギを「食べるな」とは言わないよ。でも、ウナギがどういう状《じょう》況《きょう》にあるかは知っておいてほしいな〜。※2

アナゴ丼《どん》を代わりに食べるとかね。あっ、それだとアナゴに悪いか。

ウナギ味のナマズの養《よう》殖《しょく》とかもやってるみたいだね〜。

でもやっぱりウナギが食べたくなるなぁ。

まぁ……

※2　ウナギの放流も行われているが、放流したウナギが海に出て産卵しているかどうかは確認されていない。また、ウナギは魚などを食べるため、放流した水域の生態系への影響も懸念されている。

「食べるな」とは言わないよ～。

いやいやめちゃめちゃキレてるじゃん！

……デンキウナギかと思った。

デンキウナギはウナギじゃないし～。※

えっ……知らなかった。

無知ってホント怖《こわ》いよね～。

（ひゅぽ）

※デンキウナギはウナギ目ではなくデンキウナギ目。体から電気を発して、感電させた魚などを食べる。

ニホンウナギの教え

人間関係のいざこざって、多くは「知らない」から始まるんだよね～。「相手の状況《じょうきょう》を知らない」とか「相手の気持ちを知らない」とか。無知って相手を傷《きず》つけやすいんだ～。

逆に言うと**相手をよく知ろうとすれば、問題を未然に防げたり、問題を解決するきっかけになるんだよ～。**

君《きみ》は知らない

とつぜんでわるいがメダカくん君をたべる
えーー
君は知らないと思うけどボクは絶滅危惧種なんだ
ボクが生きるためにも君を食べる
ちょっ まって
ボクも絶滅危惧種なんだけど
あ……え…じゃあ…
どうしよ…

ゆるいけど
君を食べるよ・
え…ムリ。
ボクも絶滅が
危惧されてるから…
(ニッポンバラタナゴ)

もしカメ コラム 12

ニホンウナギの意外な事実

世界には19種のウナギが生息しています。日本で「ウナギ」と呼《よ》ばれるものは、一般的《いっぱんてき》にニホンウナギのことです。

サケと反対の動きをする回遊魚

回遊魚として有名なサケは、川で生まれ、海で大きく成長し、川に戻《もど》って産卵《さんらん》します。反対にニホンウナギは海で生まれ、川で大きく成長し、産卵の時期に海へと戻る回遊魚です。

絶滅危惧種《ぜつめつきぐしゅ》が多いウナギ

ニホンウナギは環境省《かんきょうしょう》によって絶滅危惧ⅠB類に指定されているだけでなく、国際自然保護連合（IUCN）からも絶滅危惧種に指定されています。また、日本でも食べられているヨーロッパウナギやアメリカウナギも、IUCNの絶滅危惧種に入っています。

ニホンウナギの一生

ニホンウナギはマリアナ諸島沖《しょとうおき》で生まれ、成長しながら、半年ほどかけて日本に泳いでやってきます。河口にたどり着く時の体長は約6㎝。さらに川を登って大きくなり、そこで5〜10年過ごし、やがて産卵のために海へと戻ります。

ちなみに、産卵場所がマリアナ諸島沖だと分かったのは、２００９年のことです。

……………

銀ウナギ → 卵《たまご》

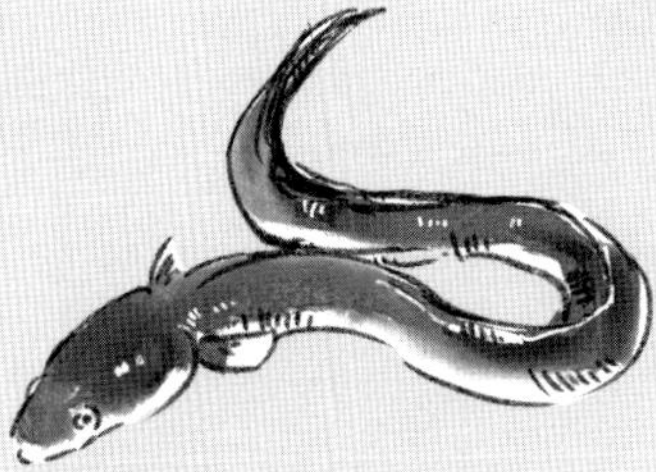

体長50～100㎝。黒くてつやのある体に脂肪《しぼう》をためて、海へ戻る。

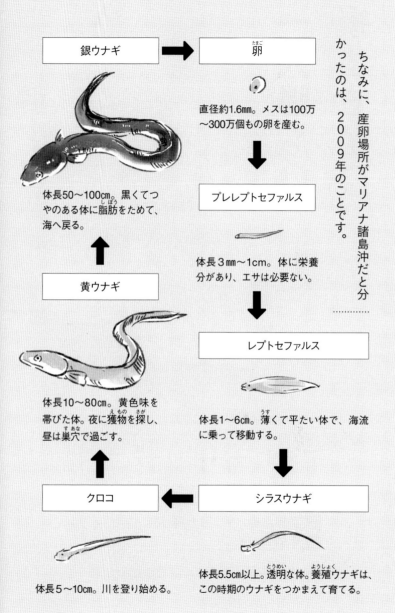

直径約1.6㎜。メスは100万～300万個もの卵を産む。

↓

プレレプトセファルス

体長３㎜～1cm。体に栄養分があり、エサは必要ない。

↓

レプトセファルス

体長1～6㎝。薄《うす》くて平たい体で、海流に乗って移動する。

↓

シラスウナギ

体長5.5㎝以上。透明《とうめい》な体。養殖《ようしょく》ウナギは、この時期のウナギをつかまえて育てる。

← クロコ

体長５～10㎝。川を登り始める。

↑

黄ウナギ

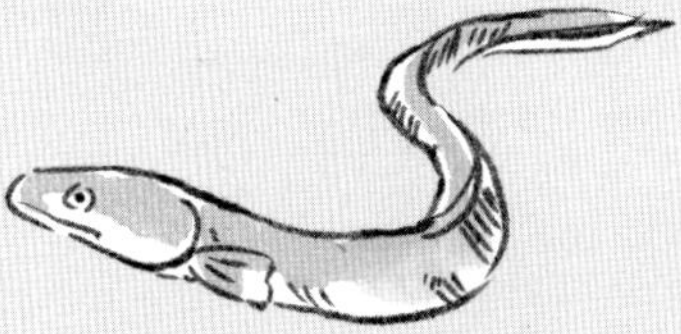

体長10～80㎝。黄色味を帯びた体。夜に獲物《えもの》を探《さが》し、昼は巣穴《すあな》で過ごす。

↑ 銀ウナギ

図の参考文献　『ウナギのなぞを追って』（塚本勝巳 監修）

一人勝ちは
損するYO。

アメリカザリガニ

十脚目《じっきゃくもく》アメリカザリガニ科

分布 原産地はアメリカ（各国に移入）
体長 約12cm

あっ、さっきとは違《ちが》うザリガニだ！　今度こそアメリカザリガニ？

ハロー、その通り！　ところで良い話と悪い話があるんだけど、聞いてくれないかな？

えーっと、じゃあ良い話から教えてよ。

オレらは日本ですごく増えて、一番有名なザリガニになれたんだ。

そうだよね。さっき会ったニホンザリガニなんて知らなかったし。

だろう？　オレらは約100年前にアメリカから日本に来たんだけど、当時は食用ウシガエルのエサとして連れて来られたんだよね。※　で、いつの間にか全国に広まって、いまやザリガニといえばアメリカザリガニさ！　**Hey♪　やってきたのは100年前♪　やっと見えたぜ港前♪　故郷《こきょう》離《はな》れて泣くオマエ♪　やっていけたら一人前♪**

……で、悪い話は？

※1927年に100匹ほどのアメリカザリガニが船で輸入された際、生き残って日本に着いたのは20匹ほどだったという記録が残っている。アメリカからの輸入はこの一度きり。

増え過ぎて
駆《く》除《じょ》されてるんだ。※1
水草や魚とかに悪影響《あくえいきょう》の危険《きけん》があるってことでさ。オレら、日本の環境《かんきょう》に適応し過ぎちゃって、昔から日本にいる生き物より繁《はん》栄《えい》しちゃったんだよね。

海外企業《かいがいきぎょう》がやってきて国内企業が脅《おびや》かされる、みたいなことか。適応力が高過ぎるのもまた問題になるんだね。

そうそう。しかもさ、**ペット**としてオレらを**ゲット**した人

※1　アメリカザリガニは、環境省が定めた「生態系被害防止外来種リスト（我が国の生態系等に被害を及ぼすおそれのある外来種リスト）」に入っている。その中でもアメリカザリガニは「緊急対策外来種（対策の緊急性が高く、積極的に駆除を行う必要がある外来種）」に指定されている。

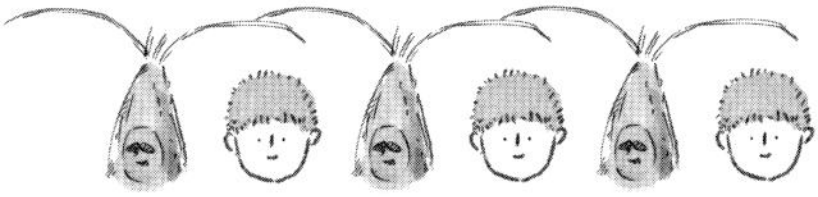

間の中には、生きたまま川に捨《す》てる**バッド**なヤツらもいて、そこでますます増えちゃってさ。外来種の中でもオレらは特に積極的に駆除されて、その結果**デッド**みたいな。

下手なラップを聴《き》いてる気分だよ……。

あっ、そういえばウッチーもオレと同じ状況《じょうきょう》なんだ。

ウッチー？

ウチダザリガニだよ。※2 彼《かれ》もアメリカ出身だからさ。

ウチダなのにね。

いやぁ、こんなに嫌《きら》われちゃうとは思わなかったね。やっと気づいたよ、外からやってきたヤツが一人勝ちしちゃダメだなって。一気に周りをやっつけるとさ……

※2　ウチダザリガニも緊急対策外来種。阿寒湖《あかんこ》（北海道）では、天然記念物のマリモがウチダザリガニの被害を受けている。

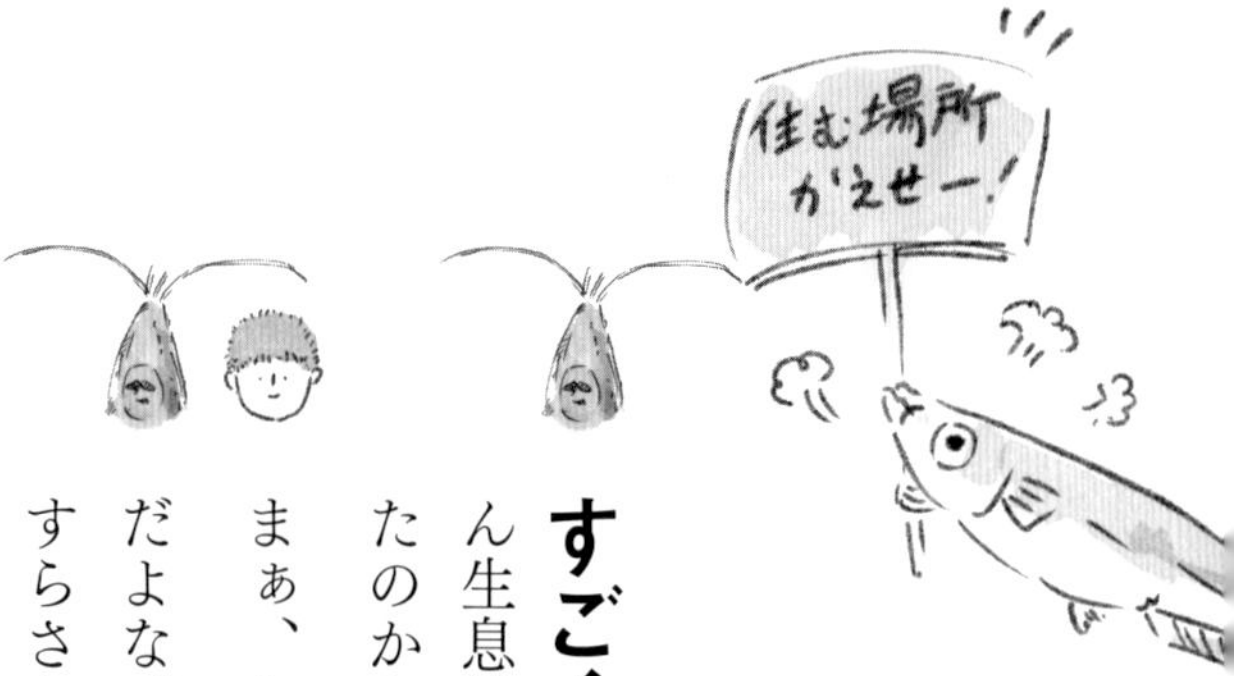

すごく反発も大きいんだ。 オレらは何も考えずにどんどん生息地を広げていったんだけど、もうちょっと別のやり方があったのかもなぁって反省してるよ。

まぁ、もともと住んでた生き物たちはイラッとするだろうなぁ。

だよな。こうやってオレらみたいに敵《てき》を作り過ぎると、時には誤解《ごかい》すらされちゃうからね。よく「アメリカザリガニが増えてニホンザリガニが減った」とか言うけど、オレらがニホンザリガニを減らしたわけじゃないから。そもそもアイツらが住んでる場所とオレらが住む場所は違《ちが》うし。彼《かれ》らは川の上流とかだけど、オレらは田んぼや

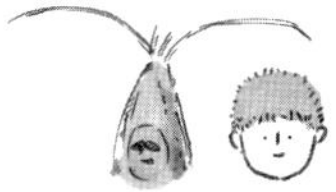

川の下流とかだから。ニホンザリガニを減らした犯人は、ウッチー
だから。※

君《きみ》は有名な分、誤解されやすいんだね。

そうそう。こういう経験を踏《ふ》まえて分かったこと。それは、**短期間で一人勝ちすると、長期的には損をするっ**てこと。打ち負かした関係者を全員敵にしちゃうからさ。Hey♪

苦情で始まるオレらの駆除《くじょ》♪ 異常《いじょう》な状況《じょうきょう》マジ大凶《だいきょう》♪ 越《こ》えてやろうぜこの逆境♪ アメリカザリガニマジ最強♪

最強って言っちゃってるし……勝つ気満々じゃん。

いやいや、本来オレらは……

※ニホンザリガニは川の源流部や水のきれいな湖などに生息していて、ウチダザリガニと生息域が一部重なる。現在は環境省によって絶滅危惧Ⅱ類に指定されている。

ピースフル※な生き物だぜ！

……。

ジョークジョーク、アメリカンザリガニジョークだYO。

君《きみ》、さらに敵《てき》を増やすと思うよ。

※Peaceful（平和的な）。肉食性が強く、共食いもするアメリカザリガニが、ピースフルといえるかは疑問。

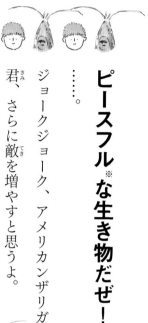

アメリカザリガニの教え

一人勝ちするのって、長期的には絶対に損だからな。負かしたヤツらと、その仲間たち全員が敵になるから。間《ま》違《ちが》ったウワサとかもバンバン流されたりするから。

特に新しい環《かん》境《きょう》に入る時は、ちゃんと空気を読んで行動しないとダメだぞ。調子に乗ると冷たく排《はい》除《じょ》されるから……オレらみたいにな。

気をつけろYO!

一人勝ちの末路

YO YO YO!!
ここはアメリカザリガニの池とするYO!!
ひぃぃぃぃぃ
ひぃぃぃ
わーい いなくなったぜ ボクの一人勝ちだーーい!
ピース!!
……
でも……
さみしい……

さみしいYO…
でもスルメおちてたから
ラッキーだYO

もしカメ コラム 13

日本に生息するザリガニ

日本には3種のザリガニが生息しています。そのうち2種はアメリカからの外来種。日本に昔から生息していたのはニホンザリガニ1種のみです。

ニホンザリガニ

北海道、青森県、岩手県、秋田県にしか生息しない日本の固有種。他の2種より小さく、体長約5㎝。暗い茶色のずんぐりした体をしています。

生まれて約5年で交尾《こうび》ができるようになり、メスが一度に産む卵《たまご》は数十個。水のきれいな川や湖に生息し、寿命《じゅみょう》は約10年です。

環境《かんきょう》破壊《はかい》の影響《えいきょう》や、北海道ではウチダザリガニなどに生息域《せいそくいき》を奪《うば》われ数が減少し、現在は環境省によって絶滅危惧《ぜつめつきぐ》Ⅱ類《るい》に指定されています。

アメリカザリガニ

1927年に1回だけ、食用ガエルのエサとしてアメリカから神奈川県鎌倉市《かまくらし》へ持ち込《こ》まれた外来種。そこから逃《に》げ出したものが広まり、日本全国の田んぼや川などに生息するようになりました。体長約12㎝。ハサミに無数の赤い点々があります。赤い体のイメージが強いアメリカザリガニですが、大きくなるまではニホンザリガニのような暗い茶色をしています。また、品種改良によって青や白などのアメリカザリガニも作られています。

生まれて1～2年で交尾ができるようになり、メスが一度に産む卵は数百個。寿命は約5年です。

水草を切る、他の生き物を食べる、病気を持ち込むなど、生態系《せいたいけい》に影響を及《およ》ぼす危険《きけん》があるため、環境省によって緊急対策外来種《きんきゅうたいさくがいらいしゅ》に指定されています。

ウチダザリガニ

1910年代以降《いこう》に食用としてアメリカから持ち込まれた外来種。主に北海道の湖などに生息しています。体長は3種の中で一番大きく約13cm。ハサミの付け根が白いのが特徴《とくちょう》です。

生まれて2～3年で交尾ができるようになります。メスが一度に産む卵は数百個。寿命は約5年です。

ウチダザリガニはニホンザリガニと生息域が一部重なり、その影響が問題視《もんだいし》されています。また、生態系に影響を及ぼす危険があるため、環境省によって緊急対策外来種と特定外来生物に指定されています。

ちなみに、アメリカザリガニは特定外来生物には指定されていません。特定外来生物は原則飼育禁止であり、アメリカザリガニを指定すると、飼っていたものを捨《す》てるなどの混乱《こんらん》が予想されるからです。

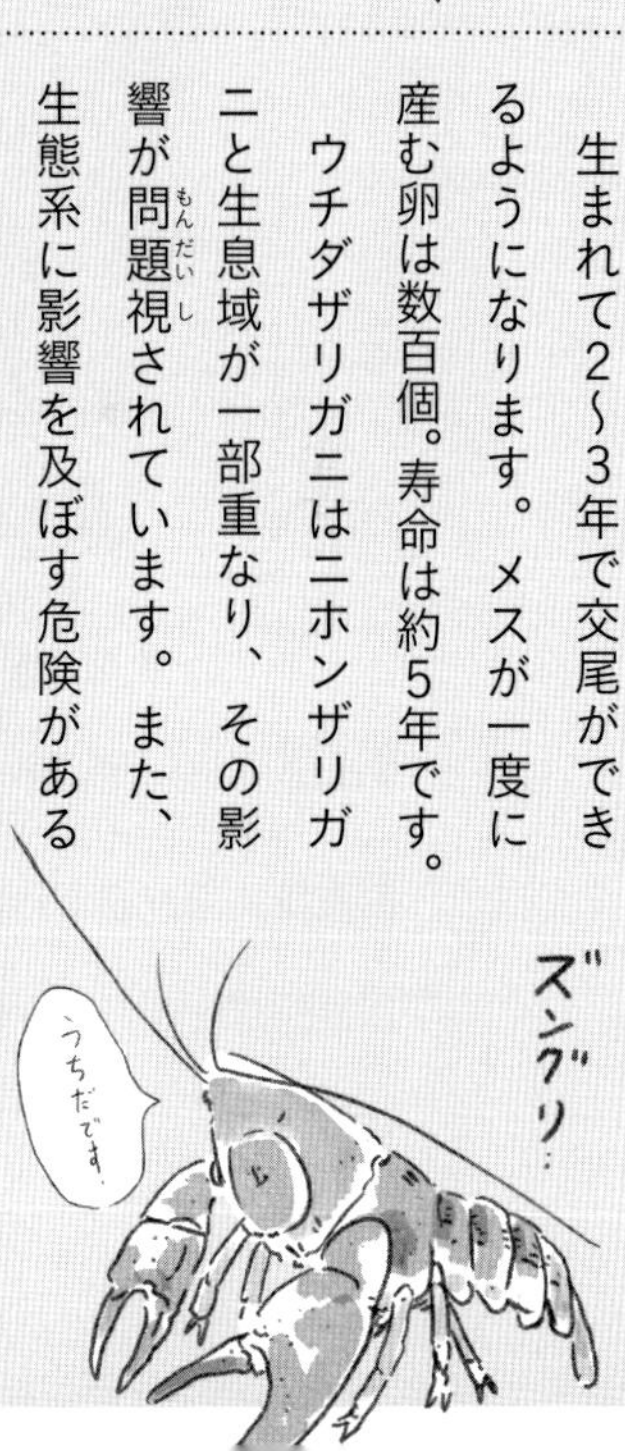

親と子は、対等じゃないぜ。

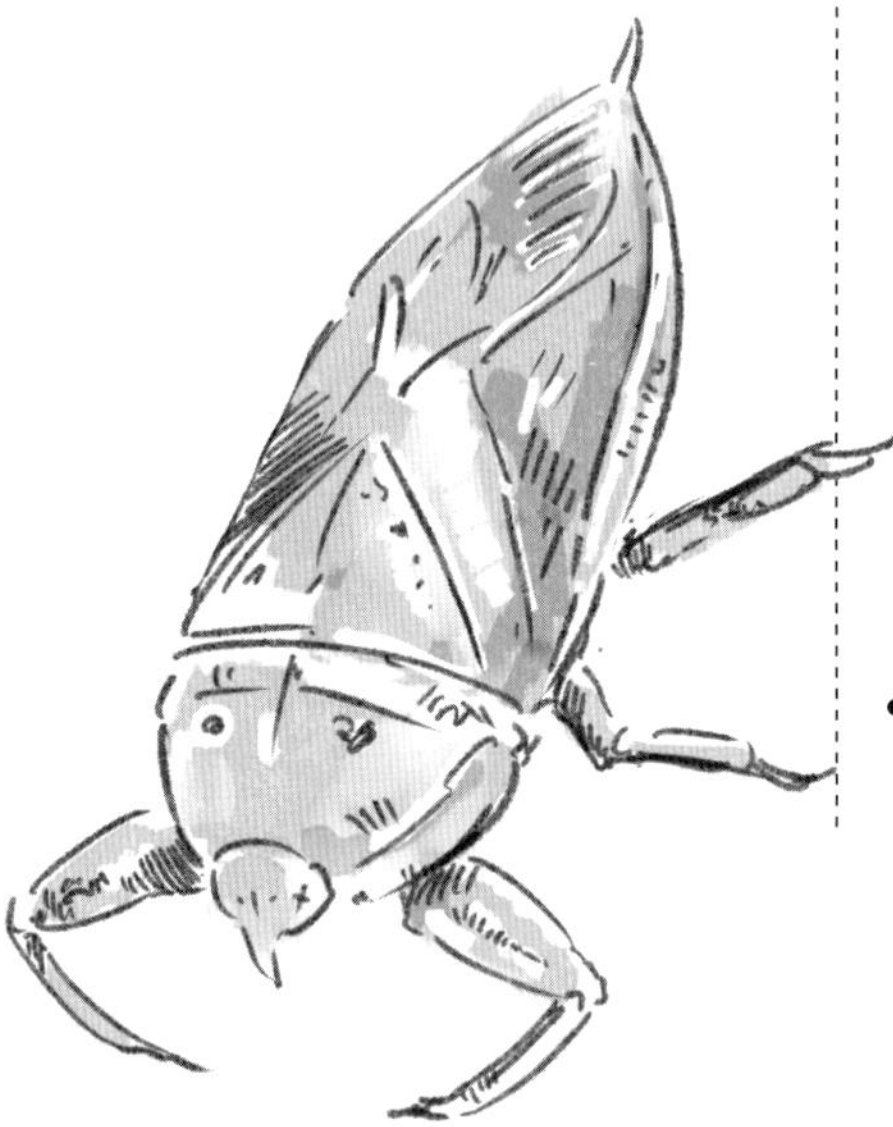

タガメ

カメムシ目コオイムシ科

分布 日本(本州、四国、九州、南西諸島《なんせいしょとう》)、東アジア

体長 4.8〜6.5cm

あっ、タガメだ！　小さい頃《ころ》、兄貴《あにき》とよく探《さが》しにいったなぁ。持って帰って母さんに怒《おこ》られたりもしたし。

おうおう、親は大切にしろよ。そういえば人間の世界ってさ、「イクメン」って言葉があるよな。

うん、あるけどそれが？

ホント終わってるよな。そんなんだからダメなんだよ。

どういうこと？

もっと男、がんばれよってことだよ！　「イクメン」って言葉が存《そん》在《ざい》する時点でありえないよ。タガメの世界にはゼッッッタイにない言葉だからね。だってタガメは……

オスが必ず子育てするから。

そうなの!? っていうか、じゃあ「イクメン」じゃん。

いや、タガメのオスは「イクメン」とは呼《よ》ばれない。なぜならオスが子育てするのは当然だからだ。

……どういうこと?

考えてみろよ、人間の世界では子育てする女性を「イクウーメン」※って呼ばないだろう?

※「ウーマン（Woman）」の複数形は、正確には「ウィメン（Women）」。

うん、聞いたことない。

当然なことには、呼び名なんてつかないからな。つまり、**人間には「子育て＝女性がやって当然」って価《か》値《ち》観《かん》が根付いてるんだよ。逆に子育てする男は少ないから、わざわざ「イクメン」って呼び名が生まれたんだ。**

なんか深い。

「イクメン」って呼び名がある時点で、人間の男はがんばりが足りないなって思ったの。オレなんてさ、育児のことしか考えてないから。

具体的には何するの？

それはな……

卵に水をあげたり、敵から守ったりするんだ。※1

時には直射《ちょくしゃ》日光が当たらないよう、日傘《ひがさ》代《が》わりにもなる。卵を体で覆《おお》って隠《かく》すんだ。※2

※1　オスはメスが産んだ70〜120個ほどの卵を守る。

自分を犠牲《ぎせい》にしてまで守るんだね。

そうだ。どんな大変なことがあっても、とにかく無事生まれるまで命をかけて卵を育てる。それがオレの生きがいなんだ。

すごいなぁ。でも、さっきから気になってたんだけどさ、君《きみ》が子育てしてる間、メスは何してるの？

あぁ、探《さが》しにいってるよ。

何を？

新しい交尾相手《こうびあいて》を。また卵を産むためにね。

なんか切ないね……。君が卵を育ててる間に、メスは別のオスを探しているなんて。

ただ切ないだけじゃない。卵を守るオレにとって一番の強敵は……

※2　タガメは水中に生息しているが、メスは卵を水の外に産む。オスはその卵が乾かないように水を与えたり、敵から卵を守る。

メスなんだ。交尾《こうび》ができる状態のメスは、卵《たまご》を守ってるオスを見つけると、卵を壊《こわ》そうとするんだ。※1

こわっ……こわっ！

もちろんオスは必死で抵抗《ていこう》するぜ。でもな、タガメはメスのほうが大きいから、だいたいオスが負けちゃうんだよ。マジ、卵を守るオスにとってはメスに出会った時が最大のピンチだから。

……まさかメスが敵《てき》になるとは。

※1　メスは前あしを使って卵を壊したり、卵の汁を吸って殺してしまう。こわっ。

怖《こわ》いだろう？　そんな恐《おそ》ろしい毎日を乗り切って、やっと卵から幼《よう》虫《ちゅう》が生まれてくるんだ。あの瞬間《しゅんかん》はホント感動的だぞ。マジ泣けるから。※2

確かにそんな大変な思いをして育てたら、涙《なみだ》も出そうだね。

オマエ、親にちゃんと感謝してるか？

そうだなぁ、感謝はしてるけど……最近母さんがさ、「就職《しゅうしょく》どうするの？」とかうるさいんだよね。あと普段《ふだん》から言ってることが矛《む》盾《じゅん》してたり、よく分からないことも多くていつもイラッとする。

オレも昔はそうだったなぁ。「親はおせっかい」って思ってたし、一方で「親が子供《こども》の面倒《めんどう》を見るのは当たり前」だと思ってた。でも、自分が親になって気づいたよ……

※2　卵はだんだん大きくなり、5日程度で幼虫が生まれる。その頃には卵の大きさは約1.5倍、重さは約2倍になっている。

子育て、めっちゃ大変って。「親が子供《こども》の面《めん》倒《どう》を見るのは当たり前」って思われるのとか、マジ無理。

真逆の意見になったね……。

すでに大人になったオマエは、「親と自分は対等な関係」と思ってるかもしれない。むしろ親を「年寄り」と思って見下すことすらあるかもしれない。でもな、オマエがそこまで成長するために、親はものすごい手間をかけている。理《り》不《ふ》尽《じん》な目にもあっている。死ぬほどつらい思いもしている。それをオマエは分かってない！

そりゃあ、感謝はしてるけど……。

いや、全然足りない。**オレだって子供の頃《ころ》は親に感謝なんてしなかったから。**「ありがとう」なんて言ったことないから。それにオレが育てた子供たちだって、何も言わずに旅立っていったし。※あいつら元気かなぁ、ちゃんと暮《く》らせてるかなぁ、ぐすん。

※オスは卵から生まれた幼虫が水中に散らばった後もしばらく見守り、敵が近づけば追い払う。けなげである。

なんか情緒《じょうちょ》が不安定だなぁ……。

親を負担《ふたん》に感じることがあっても、過去を想像してみろ。その1万倍オマエは親に負担をかけてたんだぞ。まだまだ借りがあるんだぞ！
だから親にイラッときても、親が間違《まちが》っていても、言い負かすな。「親は自分を育ててくれた」と心で唱えてから、冷静に話し合え！

「冷静に」って言いながら、ものすごく熱く語るね……。

だってさ、子供が親を敵視《てきし》・軽視《けいし》してるの見ると悲しくてさ!!

その熱量こわっ……分かった、分かったよ！

ホントに？

ちゃんと親に感謝します！　あのさ、さっき聞きそびれたことがあるんだけど聞いていい？　もし卵《たまご》を壊《こわ》されたら、オスはどうするの？

そりゃもちろん黙《だま》っちゃいないよ！　ガツンと……

交尾《こうび》します。※1

えーーー！　君《きみ》の卵《たまご》を壊《こわ》した相手なのに!?

うん。で、**そのメスが産んだ卵をまた守るの。**※2

こわっ！　タガメの世界、こわっ！

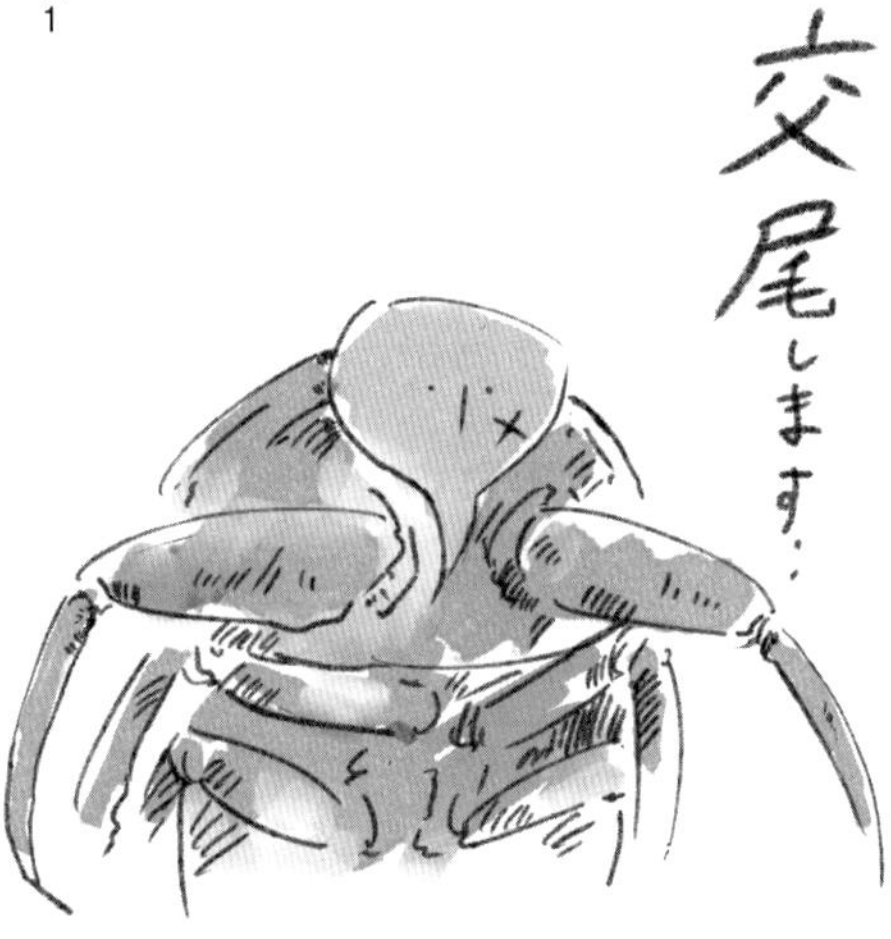

※1　卵を襲われたタガメは、そのまま逃げるか、襲ってきたメスと交尾する。
※2　メスもオスも、夏に3回ほど別の個体と交尾する。

タガメの教え

年月が経《た》つうちに、育ててくれた人に対して「うるさいなぁ」「分かってないなぁ」って思うことがあると思う。「もう自分のほうが上だ」って思うことだってあるかもしれない。でも、「育ててもらった」という事実は変わらない。そして、育ててもらった側は、育てた側の苦労を知らない。だから**成長した後くらいはせめて、育てた側に優《やさ》しく接してほしいな。**できたら感謝の言葉もかけてほしいな、一言でいいからさ。だって、マジで育てるのって大変だから。

いや、オレも親になって初めて気づいたことなんだけどね。

親心

おっ…
そろそろ
うまれそうだな
まもる
おもいかえすと
いろいろあったなー
…
ワー!
ワー!
…
しっかり
生きるんだぞ
うっ…~
うううう…

子供たち元気かな…

もしカメコラム 14

タガメの意外な事実

タガメはカメムシの仲間（カメムシ目）。カメムシ目の昆虫《こんちゅう》は、どれも針《はり》のようにとがった口を持っています。アメンボやセミもカメムシ目です。

噛《か》まずに吸《す》う

獲物《えもの》を見つけると、前あしで獲物をつかみ、針のような口（口吻《こうふん》）を体に突《つ》き刺《さ》します。そして消化液を送り込み、溶《と》けた肉を1〜2時間かけて吸います。獲物となるのはカエルや魚などです。

おしりで呼吸《こきゅう》する？

呼吸をする際は、逆立ちの姿《すがた》でおしりを水面に出します。普段《ふだん》は縮《ちぢ》めている呼吸管をおしりから伸《の》ばして、空気を取り入れるのです。

空を飛ぶことも

獲物や交尾相手《こうびあいて》を探《さが》すため、別の池や田んぼに飛んでいくことがあります。時には住宅地《じゅうたくち》の水銀灯の光に集まってくることもあります。

また、落ち葉の下などで冬眠《とうみん》する際にも、飛んで移動します。

天敵《てんてき》はタガメ？

タガメは共食いします。幼虫同士《ようちゅうどうし》が共食いしたり、成虫が幼虫を共食いしたり……。共食い以外にも、幼虫は別の水生昆虫に襲《おそ》われたり、成虫は鳥やウシガエルなどに襲われます。

ヤゴは敵＆獲物

タガメの幼虫はヤゴに襲われることがありますが、大きくなると逆にヤゴを襲うようになります。

波を起こしてコミュニケーション

オスはあしを伸び縮みさせて波を起こし、メスに自分の居場所を知らせます。それに対してメスも波を起こして近づき、やがて交尾が始まります。オスからメスの居場所へ行くことはありません。

実は絶滅危惧種《ぜつめつきぐしゅ》

タガメは環境省《かんきょうしょう》によって絶滅危惧Ⅱ類に指定されています。農薬の影響《えいきょう》や外来種に襲われ、数が激減《げきげん》したためです。

ちなみに、タガメの由来は「田のカメムシ」です。

世界は「ひいき」でできている。

ニホンイシガメ

あれ？　カメさん、なんか大きくなって老けた？

ちょっとしたハプニングがあったんじゃよ。まぁ気にするでない。

なんかしゃべり方も変わってるし……あのさぁ、ぼく、そろそろ帰りたいんだけど、どうやったら帰れるの？

そうかい、そういえば織《おり》姫《ひめ》様《さま》からお土産《みやげ》があったのじゃが……。

あっ、知ってる、玉手箱でしょ？　開けると煙《けむり》が出てきておじいさんになっちゃうっていうやつ。

!!!

えっ？　何？　なんで驚《おどろ》くの？

知っておったのかい？　……なんで教えてくれなかったのじゃ？

いや、有名な話でしょ。あぁっ！　もしかして……

どっこいしょ、ほら、これが玉手箱なんじゃが……

開けちゃった。※1

お土産《みやげ》を勝手に開けないでよ！　まぁでも、ぼくが歳《とし》をとらなくて済《す》んだと思えばいっか。

ずるいぞ次郎《じろう》君《くん》！

いや自業自得《じごうじとく》でしょ！　でもカメといえばお年寄りのイメージがあるから、ちょうどいいんじゃない？

まぁ「亀《かめ》の甲《こう》より年の功《こう》」ともいうしのぅ。※2

※1　ちなみに、昔話『浦島太郎』には、玉手箱を開けておじいさんになる話以外にも、ツルになる話などいろいろある。

おじいちゃんのカメが言うとややこしいけどね。

（ひゅぽ）

あれ？　なんでひゅぽるの？

……失礼な。

えっ？　何が？

おじいちゃんじゃない！

どう見てもおじいちゃんでしょ！

（ひゅぽ）

だからなんでひゅぽるのさ？

あのね……

※2　亀の甲より年の功とは、「年長者の経験や知識は優れているので尊重するべきだ」という意味のことわざ。

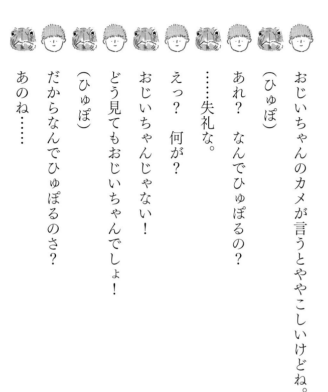

ワタシはおばあちゃんじゃよ！

えぇぇぇ！　そうだったの!?　ごめんなさい、すごく大きいし勝手にオスだと思ってた……あれ？　でも、さっきは「ボク」って言ってたじゃん！

あの時は、まだオスかメスか分からなかったんじゃよ。※1　体が大

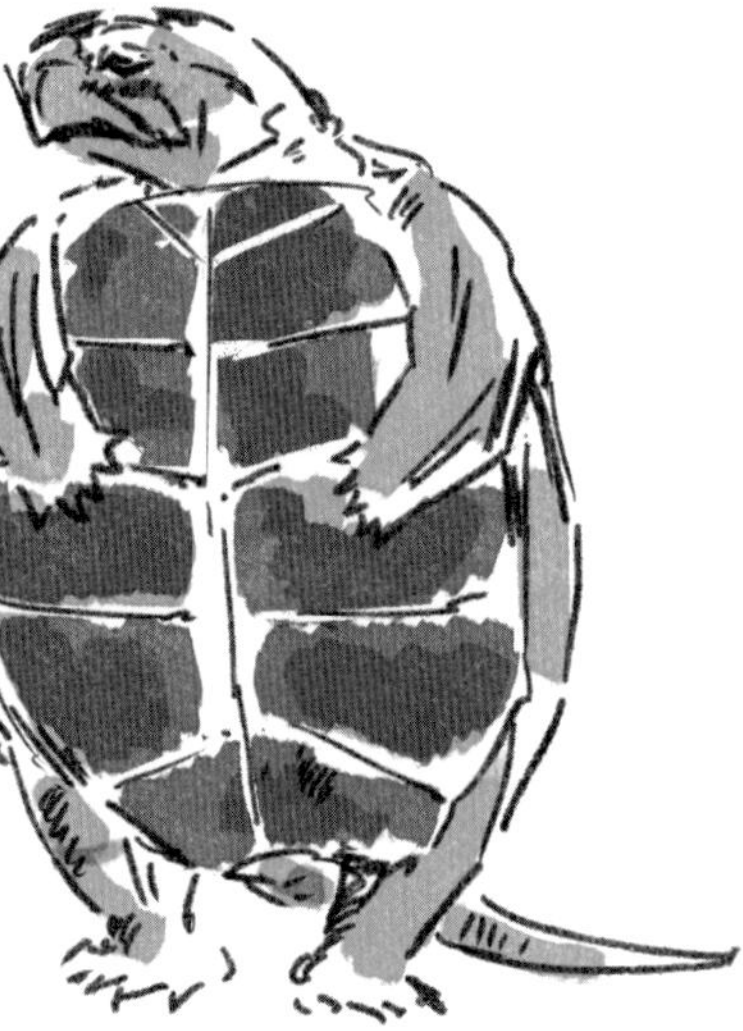

※1　ニホンイシガメの幼体は、見た目では性別の判断が難しい。成体になると、総《そう》排出口《はいしゅつこう》（フンや尿を出したり、卵を出したりする穴）の位置や、体の大きさでオスとメスが判別しやすくなる。

きいのはメスだからじゃ。大人になるとメスのほうがオスより大きくなるんじゃよ。※2 自然界ではよくあることじゃ。

そうなんだね。確かにカマキリとかもメスのほうが大きいし。いやぁ、このお城は学ぶことばっかりだったなぁ。

こんな経験ができるのは次郎《じろう》君《くん》、キミだけじゃよ。

そうだよね。まさかカメさんたちから生き方を教えてもらえるとは思わなかったよ。……あの、ぼくさ、知り合いは多いほうだし、空気もうまく読むほうだと思うんだよね。でも、寝《ね》る前とかにふと、周りの人たちが全員他人に感じて「ぼくは一人ぼっちだ」って思っちゃうことがあって。昨日の夜もそれで落ち込《こ》んでたんだよ。でも、ここでみんなとワイワイ話してたら、なんかちょっと前向きになれた気がする。

そういうとこ、次郎君のそういう落ち込んだりするとこ……

※2　カメは一般的にメスのほうがオスより大きくなる。ニホンイシガメもメスのほうが大きい。

ワタシはずっと見てたんじゃよ。

ずっと見てた？

ニホンイシガメって、日本の固有種なんじゃ。

……急にまた自分の話？

でな、最近ニホンイシガメは数が減ってきてることが心配されてるんじゃ。※1

公園の池とかにいるのは、ニホンイシガメじゃないの？

あれはたいていミドリガメ。※2 北アメリカ出身の外来種で、本当の名前はアカミミガメというんじゃよ。よく見ると、目の横が赤いんじゃ。

ミドリガメってアカミミガメって名前なんだ！

そのアカミミガメがワタシらの住む場所を奪《うば》っていったんじゃ。※3

※1　ニホンイシガメは、環境省によって準絶滅危惧種に指定されている。

※2　クサガメもわりと多い。

なるほど。日本に広まったっていう点では、アメリカザリガニにも似てるね。

そうじゃね。そしてアカミミガメの運命も、アメリカザリガニと似ている。増え過ぎて駆除《くじょ》されてるんじゃよ。※4

ひぇ〜。

どちらも最初は人間が日本に持ち込《こ》んだのに……ひどい話じゃよ。

人間を代表してごめんなさい……。

外来種って基本的に嫌《きら》われやすいんじゃよ、特に繁殖力《はんしょくりょく》が強いタイプは。でも、ニホンイシガメは日本の固有種っていうだけで、かなり優遇《ゆうぐう》してもらえてるんじゃ。

……自慢《じまん》？

※3　アカミミガメ（ミシシッピアカミミガメ）は、1960年代から数十年間、ペットとして日本にたくさん輸入された。飼っていた人が途中で池や川に捨て、日本の自然にも増えていった。

※4　アカミミガメもアメリカザリガニ同様、生態系被害防止外来種リストの緊急対策外来種に指定されている。

バカメ！　このことはキミにも応用できると言いたいんじゃよ！

どういうこと？

生き物は、身近な他者をひいきするんじゃよ。例えば、地元や出身校が同じ人には、初対面でもなんとなく親近感がわくじゃろう？　その本能的な親近感のおかげで、ワタシは日本で守られているんじゃ、日本のカメじゃからな。これは生きていく上でとても重要なことじゃよ。次郎《じろう》君《くん》も**身近な他者を大切にするべきじゃ。その人は自分をひいきしてくれる人なんじゃから。**

でも、ひいきってなんか悪いイメージがあるんだよなぁ。

この世は「良い悪い」でできてるんじゃない。「好き嫌《きら》い」でできてるんじゃよ。例えば、だらしない兄と、ノーベル平和賞をとった他人が崖《がけ》から落ちそうな時、どっちを助ける？

……兄貴《あにき》かな。

じゃろう。ひいきって究極、そういうことじゃ。善悪《ぜんあく》を超《こ》えて「助けてあげたい」「味方になりたい」と思うこと。それが「ひいき」じゃよ。
そこでじゃ。次郎君を一番ひいきしてくれるのはだれじゃ？

……家族とか？

そう。家族こそ無条件でひいきしてくれる、一番身近な他者じゃ。
まずは家族のような存在《そんざい》を大切にする。
そして少しずつ身近の範囲《はんい》を広げていく。
これが幸せになる一番の近道じゃよ。ってことでワタシのことも大切にしておくれ。

家族じゃないでしょ！

ワタシもある意味、次郎君の家族なんじゃがな。では最後に、織姫様《おりひめさま》が考案した優遇城秘伝《ゆうぐうじょうひでん》の3つの「よく」を教えよう。

3つの「よく」？

そう。機嫌《きげん》よく、愛想よく……

日光浴。

最後にダジャレ……
最初にも「日に当たれ」とか
言ってたね（P20）。

それが全てじゃ。**イラッとした時も、つらいことがあった時も、日に当たってひゅぽる。**そうすれば、
わりと機嫌《きげん》よく愛想よく振《ふ》る舞《ま》えるはずじゃよ。

覚えておくよ。

では、そろそろ行こうかのう。あっちの世界までワタシが送るから、
背《せ》中《なか》に乗るのじゃ。

優遇城《ゆうぐうじょう》、不思議な場所だったけどなんだかんだで面白かったなぁ。

そうじゃろう。

ふわぁぁ、なんか眠《ねむ》いような目が覚めてきたような不思議な感じだよ……あの、聞きたいことがあるんだけど。

なんじゃ？

なんでぼくを優遇城に連れてきてくれたの？

次郎君《じろうくん》にうまく生きるコツを教えてあげたかったからじゃよ。

なんでぼくなの？

それは上にあがったら分かるはずじゃ。

ホントに？

カメは冗談《じょうだん》は言うがウソはつかん。ウソをつくのは人間だけじゃ。

……じゃあ信じるよ。最後にもう1つだけ聞いていい？　……また会えるかな？

会えるはずじゃ。

よかった。

世界はひいきでできている。これをよく覚えておくのじゃよ。

うん……。

ワタシは次郎君にずっと……

……。

恩《おん》返《がえ》しをしたかったんじゃよ。

…………。

おはよう次郎君。

気がつくと
ぼくは、
夢を見ていたようだった。

あぁ、そうだったのか。

君《きみ》だったんだね。

小学生の頃《ころ》から、ずっと一緒《いっしょ》にいるもんね。

生きるのって、
つらいことも多いけれど、
ガラガラガラガラ
イラッとしたり、
落ち込《こ》んだりした時は……

【主な参考文献】

『小学館の図鑑NEO 昆虫』（小学館）『小学館の図鑑NEO 魚』（小学館）『小学館の図鑑NEO 両生類・はちゅう類』（小学館）『小学館の図鑑NEO 水の生物』（小学館）『小学館の図鑑NEO　鳥』（小学館）『学研の図鑑LIVE 爬虫類・両生類』（学研プラス）『学研の図鑑LIVE 魚』（学研プラス）『学研の図鑑LIVE 水の生き物』（学研プラス）『増補改訂 魚・貝の生態図鑑（大自然のふしぎ）』（学研プラス）『旺文社　生物事典』監修：八杉貞雄、可知直毅（旺文社）『今、絶滅の恐れがある水辺の生き物たち タガメ・ゲンゴロウ・マルタニシ・トノサマガエル・ニホンイシガメ・メダカ』編・写真：内山りゅう（山と溪谷社）『日本の外来生物 決定版』編著：自然環境研究センター（平凡社）『決定版　日本の両生爬虫類』写真・解説：内山りゅう 他（平凡社）『日本産淡水貝類図鑑 ②汽水域を含む全国の淡水貝類』著：増田修、内山りゅう（ピーシーズ）『海の甲殻類（ネイチャーガイド）』著：峯水亮（文一総合出版）『くらべてわかる 淡水魚』文：斉藤憲治　写真：内山りゅう（山と溪谷社）『カメのかいかたそだてかた（かいかたそだてかたずかん８）』文：小宮輝之 絵：佐藤芽実（岩崎書店）『はっけん！ ニホンイシガメ』写真：関慎太郎　編著：AZ Relief、野田英樹（緑書房）『カラー図鑑 カメのすべて』著：高橋泉　監修：三上昇（成美堂出版）『アマガエルのヒミツ』文：秋山幸也　写真：松橋利光（山と溪谷社）『ウーパールーパーと仲良くなれる本』著：藤谷武史、大渕希郷（エムピージェー）『ウーパールーパー・イモリ・サンショウウオの仲間』著：佐々木浩之（誠文堂新光社）『シジミ学入門』著：中村幹雄（山陰中央新報社）『日本のトンボ（ネイチャーガイド）』著：尾園暁、川島逸郎、二橋亮（文一総合出版）『ヤゴ ハンドブック』著：尾園暁、川島逸郎、二橋亮（文一総合出版）『新装改訂版トンボのすべて 増補 世界のトンボ』著：井上清、谷幸三（トンボ出版）『赤トンボのすべて』著：井上清、谷幸三（トンボ出版）『ネイチャーウォッチングガイドブック ヤドカリ』著：有馬啓人（誠文堂新光社）『ヤドカリ観察事典』構成・文：小田英智　写真：大塚高雄（偕成社）『メダカ観察事典』構成・文：小田英智 写真：草野慎二（偕成社）『ぜんぶわかる！ メダカ』著：内山りゅう（ポプラ社）『合鴨ドリーム』著：古野隆雄（農山漁村文化協会）『農家の１年の米づくり 安心なお米ってなに？』編：「お米のこれからを考える」編集室（理論社）『ザリガニ ニホン・アメリカ・ウチダ』著：川井唯史（岩波書店）『いのちのかんさつ５ ザリガニ』著：中山れいこ　監修：久居宣夫（少年写真新聞社）『ザリガニの博物誌 里川学入門』著：川井唯史（東海大学出版会）『ザリガニはなぜハサミをふるうのか』著：山口恒夫（中央公論新社）『ザリガニ飼育ノート』著：下釜豊久（誠文堂新光社）『ウナギ 大回遊の謎』著：塚本勝巳（PHP研究所）『世界で一番詳しいウナギの話』著：塚本勝巳（飛鳥新社）『ウナギのなぞを追って』監修：塚本勝巳（金の星社）『うなぎ 一億年の謎を追う』著：塚本勝巳（学研プラス）『田んぼの生きものたち タガメ』文・写真：市川憲平　写真：北添伸夫（農山漁村文化協会）『種の起源（上）（下）』著：ダーウィン 訳：渡辺政隆（光文社）

絵：じゅえき太郎

1988年生まれ。
イラストレーター、画家、漫画家。身近な虫をモチーフに様々な作品を製作している。

●受賞歴

SICF16オーディエンス賞受賞　第19回岡本太郎現代芸術賞入選

●著書

『ゆるふわ昆虫図鑑 気持ちがゆる〜くなる虫ライフ 』（宝島社）『ゆるふわ昆虫図鑑 ボクらはゆるく生きている』（KADOKAWA）『じゅえき太郎の昆虫採集ぬりえ』（KADOKAWA）『じゅえき太郎のゆるふわ昆虫大百科』（実業之日本社）『ゆるふわ昆虫図鑑 タピオカガエルのタピオカ屋』（実業之日本社）『すごい虫ずかん ぞうきばやしをのぞいたら』（KADOKAWA）『すごい虫ずかん くさむらのむこうには』（KADOKAWA）

●イラスト・漫画担当

『小学館の図鑑NEO まどあけずかん むし』（小学館）『不思議だらけ カブトムシ図鑑』（彩図社）
『昆虫戯画びっくり雑学事典』（大泉書店）『丸山宗利・じゅえき太郎の㊙昆虫手帳』（実業之日本社）

●漫画連載中

まるやま昆虫研究所（毎日小学生新聞）　フロンターレこども新聞（川崎フロンターレ）ゆるふわカエルのスパイラル探検（スパイラル）

文：ペズル

文筆家。ニホンイシガメを2匹（もっしー＆なっしー）飼っている。

監修：須田研司

むさしの自然史研究会代表。多摩六都科学館や武蔵野自然クラブで、子どもたちに昆虫のおもしろさを伝える活動に尽力している。監修書に『みいつけた！ がっこうのまわりのいきもの（1〜8巻）』（学研プラス）、『世界の美しい虫』（パイインターナショナル）、『ふしぎな世界を見てみよう！びっくり昆虫大図鑑』（高橋書店）、『世界でいちばん素敵な昆虫の教室』（三才ブックス）、『じゅえき太郎のゆるふわ昆虫大百科』（実業之日本社）、『昆虫たちのやばい生き方図鑑』（日本文芸社）、『すごい虫ずかん ぞうきばやしをのぞいたら』（KADOKAWA）などがある。

もしもカメと話せたら

2021年7月4日　第1刷発行

絵	じゅえき太郎
文	ペズル
監修	須田研司（むさしの自然史研究会）
監修協力	近藤雅弘（むさしの自然史研究会）
校正	土屋恵美
発行者	長坂嘉昭
発行所	株式会社プレジデント社 〒102-8641 東京都千代田区平河町2-16-1 平河町森タワー 13階 https://www.president.co.jp/ 電話：編集（03）3237-3732　販売（03）3237-3731
販売	桂木栄一　高橋 徹　川井田美景　森田 巌　末吉秀樹
装丁	華本達哉（aozora.tv）
編集	川井田美景
制作	関 結香
印刷・製本	株式会社ダイヤモンド・グラフィック社

ISBN978-4-8334-2420-2　Printed in Japan